知床半島の湖沼

チームしこたんが探検した秘境の世界

伊藤正博

共同文化社

はじめに

2005 年 10 月に『知床半島の山と沢』を出版した後、私としてはやはり知床にこだわっていきたいとは考えていたが、「この次は何をしようか」と目標がないまま月日が過ぎていた。ある日、なにげなく知床半島の 5 万分の 1 地形図を見ていた時、地形図上に湖や沼があちこちに点在していることに気づいた。数えてみると 60 以上も在る。

その中で一番有名なのは知床五湖で、知床が世界自然遺産に登録されてからより多くの観光客が訪れている。そして知床峠の南西にある羅臼湖《らうすこ》も近年知られるようになり、木道が整備されハイキングの人が多く訪れている。また、知床の山々の登山道付近にある沼は登山や縦走の際にテント場として利用され、登山客に知られている沼もある。しかし、その他の殆どは道の無い人跡未踏の湖沼ばかりで、今まで世の中に紹介されたこともない。

はたして知床半島の全部の湖沼を探索した人はいるのだろうか？　冬期にスキーやスノーシューでいくつかの湖沼を訪れた人はいても、夏期に訪れて写真を撮った人はいないのではないか。今や世界最高峰のエベレストにもテレビカメラが入り、茶の間にいながらその映像を見ることができる。地球上の秘境と言われる所にも人が入り、本やテレビで紹介されている。また、宇宙に目を向けると、月や火星にロケットが着陸し、多くの写真が撮られて写真集が出ており、図書館で見ることができる。

しかし、知床半島の多くの湖沼は人が訪れることもなく、殆どがベールに包まれたままである。「知床半島にある全部の湖沼を夏期に訪れて写真を撮り、本にして世に紹介しよう」よし、次の目標はこれだ！

目標は決まったものの、沼に到達するためには川を遡り、岩を登り滝を越え、笹やハイマツを漕がなければならない。また、知床はクマの棲息密度が濃い地域であり、特に湖沼周辺には多いと思われる。単独では困難と危険が伴うので、登山と沢遡行の経験者チームを組織することを考えた。「知床湖沼探検」を略して知湖探《しこたん》とし、「チームしこたん」と名付ける。親しくしている近郊の山岳会の会員 10 人以上に隊員募集の案内を出した。その中で協力してくれる人が6人集まり、2007年5月に7人で発会式を行った。2007年6月から2009年までの3年間で65の沼を探検し、2010年10月に本を出版するのを目標とした。しかし、自然が相手の計画は予定通り進まなかった。台風のため林道が崩壊し通行止めの期間が長引いたり、GPSに頼らない沼探しは容易ではなく、結果的に4年かかってしまった。

4年の間に蚊やブヨやダニに攻撃されて通院したメンバーがいたり、クマに遭遇したメンバーもあったが、クマに攻撃される事もなく無事に計画を終えることができた。事故や怪我もなく、本著を出版することができたのは幸運である。

地球温暖化と言われて久しいが、チームしこたんが巡った65の湖沼は100年後に全部存在しているだろうか。温暖化のため乾燥が進み、笹が侵入して笹原となっている沼もあるのではないか。また、人手によって埋めたてられて消えてしまった沼もある。様々な理由があるだろうが、国土地理院によると、北海道の湿地面積が大正時代に比べると約60%減少したそうだ。全部の湖沼がなくなることは有り得ないだろうが、知床半島に湖沼が存在した証として、本著が永久保存版の一冊としてお役に立てれば幸いである。

三ツ峰のクマ／撮影　樋口秀昭

知床半島の湖沼

［目次］Contents

I 知床岳・硫黄山周辺の湖沼　13

II 羅臼岳・天頂山周辺の湖沼　59

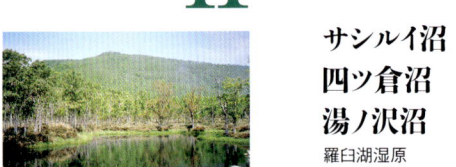

知床半島の湖沼位置図

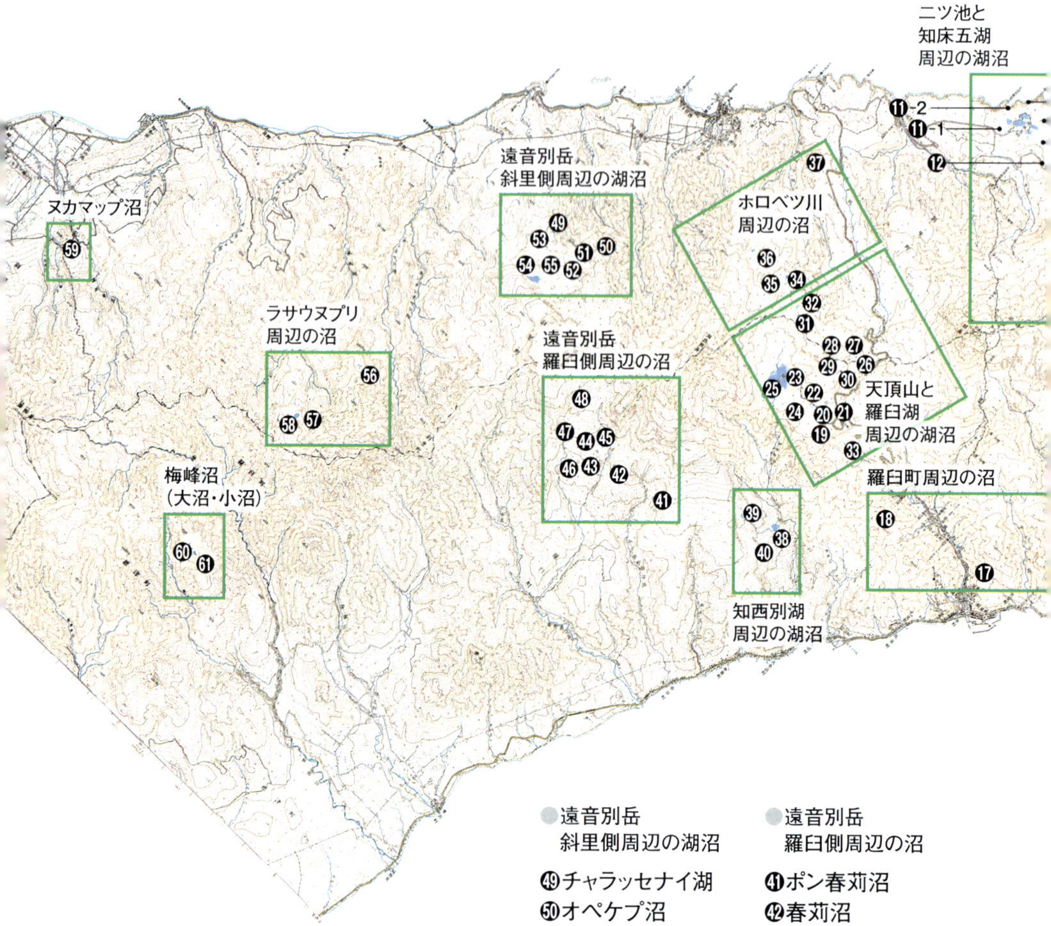

● ヌカマップ沼

(59)ヌカマップ沼

● 梅峰沼（大沼・小沼）

(60)梅峰小沼
(61)梅峰大沼

● ラサウヌプリ周辺の沼

(56)牙の沼
(57)ラサウ沼
(58)メノコ沼

● 遠音別岳
斜里側周辺の湖沼

㊾チャラッセナイ湖
㊿オペケプ沼
(51)エゾマツ沼
(52)展望沼
(53)明美沼
(54)遠音別湖
(55)ポンオンネトー

● 遠音別岳
羅臼側周辺の沼

㊶ポン春苅沼
㊷春苅沼
㊸春苅下の沼
㊹春苅中の沼
㊺春苅上の沼
㊻まがたま沼
㊼しこたん沼
㊽滝の沼

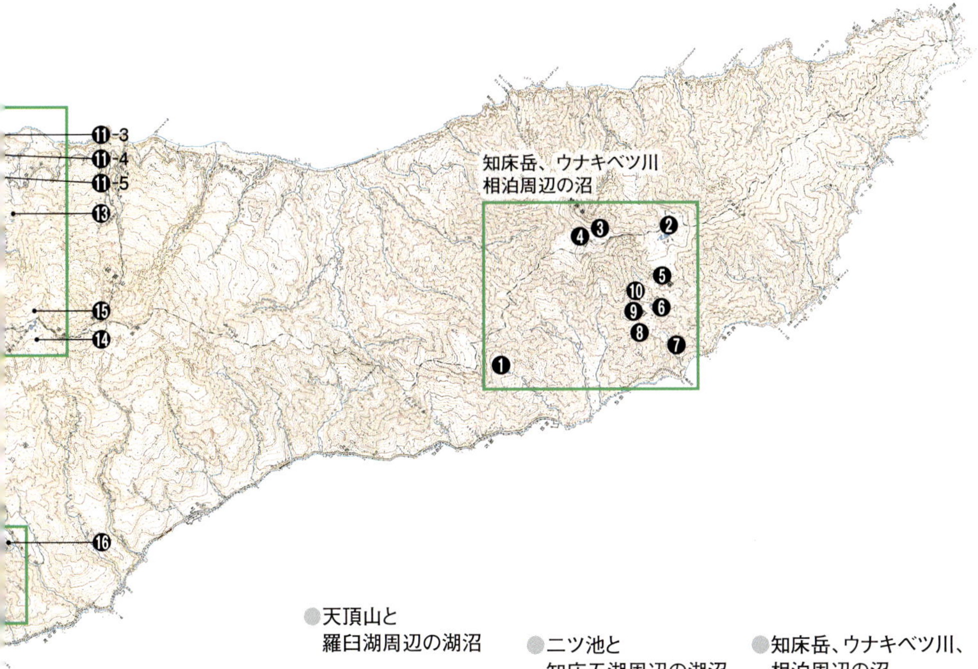

● 知床岳、ウナキベツ川、相泊周辺の沼

❶相泊沼
❷知床沼
❸ピリカ小沼
❹ピリカ大沼

ウナキベツ川周辺の沼

❺ウナキ沼
❻青沼
❼観音沼
❽静香沼
❾とどろき沼
❿バイカモ沼

● 二ツ池と知床五湖周辺の湖沼

知床五湖
⓫-1 一湖
⓫-2 二湖
⓫-3 三湖
⓫-4 四湖
⓫-5 五湖

⓬コウホネ沼
⓭イダシュ灰色沼

二ツ池

⓮地の池
⓯天の池

● 羅臼町周辺の沼

⓰サシルイ沼
⓱四ツ倉沼
⓲湯ノ沢沼

● 天頂山と羅臼湖周辺の湖沼

羅臼湖湿原

⓳一の沼
⓴二の沼
㉑三の沼
㉒四の沼
㉓五の沼
㉔麓の沼

㉕羅臼湖

天頂山の火口沼

㉖親子沼
㉗天頂沼
㉘長沼
㉙丸沼
㉚コザクラ沼

㉛大沼
㉜明小沼
㉝目梨沼

● ホロベツ川周辺の沼

㉞幌別沼
㉟三日月沼
㊱流星沼
㊲ポンホロ沼

● 知西別湖周辺の湖沼

㊳知西別湖
㊴精神沼
㊵八木沼

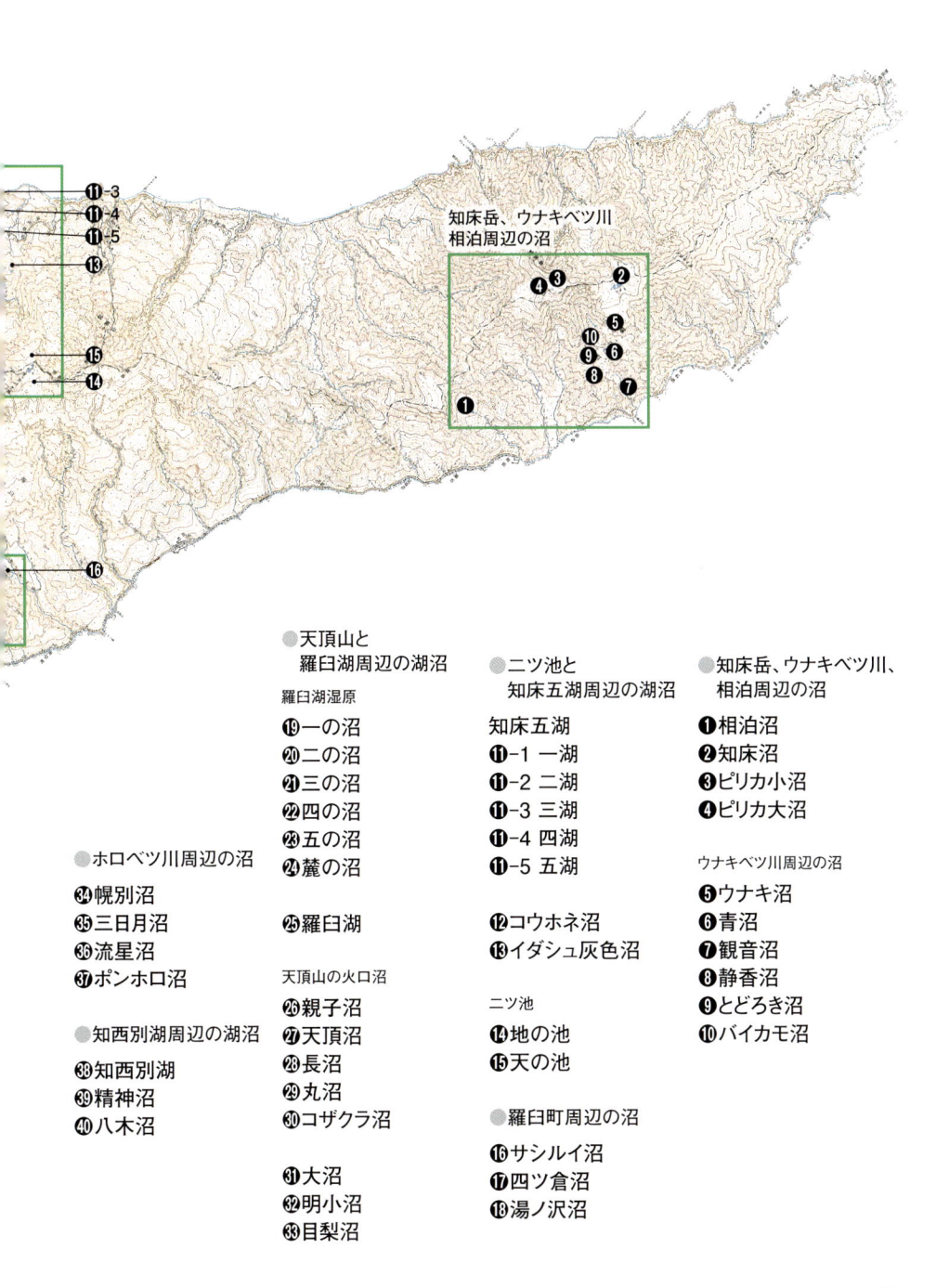

湖沼の名前について

知床半島にある湖沼で国土地理院の地形図に記載されている名前は七つである。

知床沼、相泊沼、二ツ池、知床五湖、サシルイ沼、羅臼湖、知西別湖

地形図に名前は記載されていないが、名前が付いていて湖沼の傍に標識が立っているのは 11 である。

知床五湖の一湖、二湖、三湖、四湖、五湖と羅臼湖湿原の一の沼、二の沼、三の沼、四の沼、五の沼と四ツ倉沼

いつの頃からか地元の人に名前が知られている沼は四つである。

二ツ池の地の池、天の池と大沼、ポンホロ沼

私が 2005 年に発刊した『知床半島の山と沢』に、便宜上、私が名前を付けて記載したのは四つである。

青沼、ラサウ沼、遠音別湖、チャラッセナイ湖、

この内､二ツ池と知床五湖は重複しているので、以上の合計は 24 である。(羅臼岳から硫黄山への縦走路の脇に「ミクリ沼」というのがあるが、雨が降った後の水溜りのように、小さすぎるので数には入れていない)。本著に記載されている 65 の湖沼の内、24 以外の 41 の沼が無名沼である。無名沼がこれだけあるというのは、今まで殆ど人が行くこともなく、世に紹介されたこともなく、名前を付ける必要性がなかったと思われる。無名沼は知床半島の秘境性を物語っている感じがする。

私は本著を発刊するにあたり､41 の沼全てを無名沼で記載するつもりでいた。チームで沼を探検する便宜上、A—1 沼、A—2 沼、……P—1 沼という様に沼に識別番号を付けていたので､本の目次にも識別番号の付いた無名沼が並ぶことになる。しかし、出版社の編集部から目次に無名沼が並ぶのはいかがなものかと相談を受けた。世の中に湖沼を紹介するのに無名沼の羅列は、読者にも混乱を与えるかもしれない。

実際、私自身、番号の付いた沼の呼び方は頭の中で混乱をきたした。出版社からの要請もあり名前を付けることにしたが、名前を考えるのは容易ではなかった。日々、私の愛する知床半島の秘境性に多少の罪悪感を感じながら沼の名前を考えるのに苦悩した。できるだけ、沼の特徴や遡行した川の名前や付近の山の名前を付けることにした。付けた名前が定着するかどうかはどうでもいい事だが、決して沼の畔に沼の名前が書かれた標識看板などが立つことがないように祈っている。沼はいつまでも人工物を残さない自然のままであってほしいと思う。

池、沼、湖の違いについて

以前から池と沼と湖はどう違うのだろうと疑問に思っていて、何冊かの辞典などで調べてみた。池、沼、湖に共通しているのは「くぼ地に水のたまったもの」である。

[池] 普通、湖沼より小さいものを池という。川の水を引いたりして、養魚、灌漑、上水などにあてるなどして人工的につくったもの。

[沼] 一般に水深5メートル以内で、水域の中央部まで水草が茂り、泥が深く透明度が低い。流れの出入りがないものを沼という。湖との区別は明確ではない

[湖] 池や沼よりも大きく、深さが5メートル以上で水生植物が生育できない。川とつながっていて流れがあり、天然のものを湖という。

以上が大まかな違いであるが、実際には水深が2、3メートルしかなくても湖と名前がついている所もあり、川の出入りがあっても沼と呼ばれている所もある。ダム湖などは「○○湖」と名前が付いているのが多いが、人造なので湖ではなく「○○大池」になるのが本当なのではないか。池、沼、湖に定義はあるが、実際の使われ方はかなり曖昧である。

その点、アイヌは池、沼、湖という区別はしていなくて、古くは海をも含めて、ト、あるいはトーといっていた。北海道の沼に、アイヌ語のトーに「沼」の字を当てて、読み方も「沼（トー）」としている例がある。ペンケトー、パンケトーをそれぞれペンケ沼、パンケ沼と表記し、読み方もそのままペンケトー、パンケトーとしている。わざわざ沼の字を当てなくてもよかった気もするが、アイヌの考え方が現代にも踏襲されているような感じがして微笑ましい。

今回、私は41の無名沼に全て名前を付けたが、天頂山にある火口の水溜りを「天頂湖」としないで「天頂沼」としたのは、火口湖というほど大きくはなく、川の出入りもない小さな火口の水溜りであることによる。かといって「沼」の定義にも当てはまるわけでもないが、アイヌが沼や湖を区別せずにトー（沼）というのに倣った。火口の直径が2km以上の場合はカルデラといい、摩周湖や屈斜路湖はカルデラ湖に分類される。参考までに国土交通省は摩周湖は川と繋がっていないので、「湖」として管轄しているわけではなく、「水溜り」として管轄している。また、ダム湖のような人造湖も「湖」ではないとしている。

沼への道のり

殆どの沼には道が無いので、家の机上で地形図を見ながら沼への最短ルートを考える。沼へ通じる川を選び、沢登りの準備をして出発する。

クマと遭遇しないように鈴を鳴らし、笛を吹き、声を出して川を遡る。大きな岩や滝を越え、腰まで水に浸かりながら狭い函を突破する。沢の中の藪を進み、水の流れが消えてからは背丈以上の笹を延々と漕ぐ。ダニが衣服にまとわり付き、気温の高い日は笹の中で蒸されて息苦しくなる。

樹林帯を過ぎ、標高が高くなるとハイマツが行く手を阻む。肩まであるハイマツを手で掻き分け、背丈が3mを越すハイマツの枝から枝を渡る時にバランスを崩して落下する。ハイマツの密生した枝に服を破かれ、腕時計を奪われる場合もある。

日帰りのできない所は重荷を背負い、テント泊しながら沼を目指す。テントで寝ていてもクマに襲われる危険もある。まさに知床半島の沼探しは探検である。

川を遡る

滝を越え

腰まで水に浸かり函を通過

沢の薮を進む

2m 先の人が見えない
背を越す笹を漕ぐ

ハイマツの枝渡り

肩までのハイマツを漕ぐ

テント泊して沼を目指す

I

知床岳・硫黄山周辺の湖沼

知床岳

知床岳、ウナキベツ川、相泊周辺の沼

❷知床沼
ポロモイ台地
大崩れ
❻青沼
❼観音沼
ウナキベツ川
観音岩
❿バイカモ沼
❾とどろき沼
❽静香沼
ウナキベツ川周辺の沼
クズレハマ川
カモイウンベ川
羅臼町
アイドマリ川
駐車位置(相泊の港)
P
地図形の二股の位置が
間違っているので注意
N
0
500
1000m

相泊沼

Aidomarinuma

①

羅臼町の相泊から 2km 西の標高 410m にある沼。沼の西側に小さな川が流入しているが、沼から川は流れ出ていない。地形図では沼から川が流れ出ているようになっているが、実際には沼から 50m ほど離れた所から水が湧き出し、アイドマリ川となって流下している。

アイドマリ川を遡行して沼に入り、膝位の深さの岸をじゃぶじゃぶ歩いて行く。沼の中心部は濃い藍色をしており深そうだ。浅瀬には体長 7cm 程のサンショウウオがたくさん泳いでいる。後ろ足の指が５本あるので、エゾサンショウウオだと思われる。

沼の北側を半周して行くと西側に小さな砂浜があり、腰を下ろして休憩する。流入する小川は冷たくてきれいな水である。天気が良いので沼は明るく、水面に青空が映りキラキラとエメラルド色に輝いて美しい。沼の周囲はエゾマツやトドマツ

サンショウウオがたくさんいる

サンショウウオが泳ぐ エメラルド色の沼

の針葉樹と広葉樹の混合林で、紅葉の時期にもう一度訪ねてみたいものだ。

休憩後、正面に見える東側の出口に向かって南側を半周して帰る。東側の出口に立つと根室海峡に浮かぶクナシリ島の山々が見えた。

（2009 年 6 月 28 日　訪ねる）

相泊の食堂民宿「熊の穴」の前で

Route

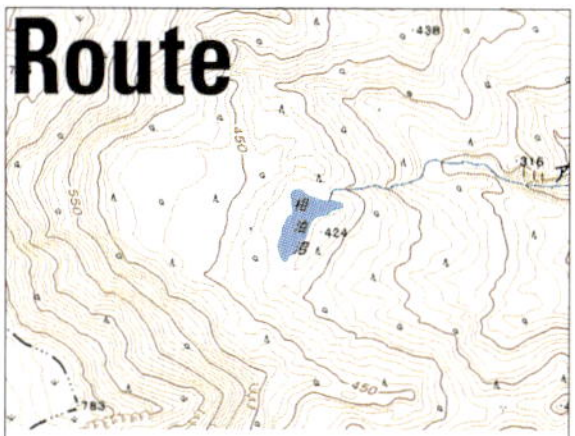

相泊の食堂民宿「熊の穴」の横を流れるアイドマリ川を遡行して 4 時間程かかる。滝を何度か越えたり、笹薮の急斜面を登ったり、直登できない滝を高巻いたりと沢登りの経験が必要である。地形図ではアイドマリ川の最初の二股の位置が間違っている箇所があり、地形図のままに進むと沼に着くことはできない。それと標高 305m の二股が分かりにくいので、慎重に二股を確認して左股に入らないと沼には行けない。

読図のできる経験者や GPS を使える人でなければ簡単には行けない沼である。

青く輝く沼と西側の稜線

中流にある二段の滝

下流にある小滝

沼の西側から東側を見る

知床沼

Shiretokonuma

②

知床沼は広いポロモイ台地の標高 920m にある沼で、知床半島にある湖沼の中では最も北に位置している。知床半島の多くの湖沼の中で、知床沼と知床五湖だけに「知床」の名称が付いていて、そういう意味では知床半島を象徴する沼といっていいだろう。ハイマツ帯の中にあるので周囲には背の高い樹木が無く、沼も周りの景色も広々としていて、砂漠の中のオアシスのような感じがする。

この沼だけを目指す人は稀で、昔から知床岳（1254m）に登る人や、知床岬に縦走する人がテント場として利用していた。私は仲間と 10 回この沼にテントを張って泊まったことがあるが、他のテントの人と会ったのは 1 回だけだった。沼の畔の湿原を散策したり、夕日を見ながらビールを飲み、夜空いっぱいの星を首が痛くなるまで眺めてから眠りについたものだった。知床が世界自然

沼の西側から見る

強い風のため波立つ沼

遺産になってからは、ここのテント場は湿原植生地の環境保護のため「野営を行わないこと」になった。この沼には入る川も出る川もなく、溜まり水なので沼の水を利用する場合は煮沸する必要がある。
(2007 年 9 月 22 日　訪ねる)

1132m ピークへの登りから見た沼とポロモイ岳

Route

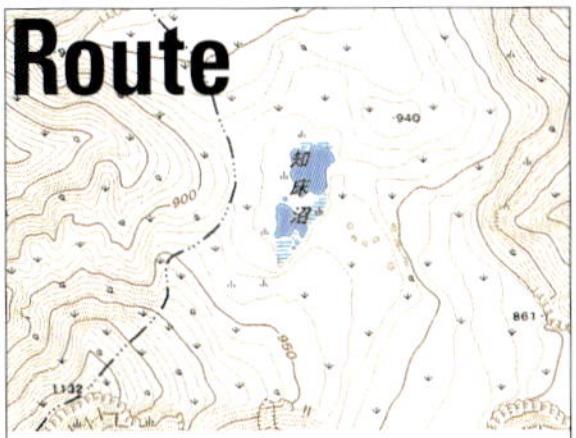

知床沼へのルートとしては、羅臼側の相泊から海岸を歩き、観音岩を越して、ウナキベツ川の左岸にある踏み跡ていどの登山道を行くのが一般的である。
相泊から沼までは縦走装備で６時間～８時間かかる。途中の難所としては、ポロモイ台地が地滑りで崩れた「大崩れ」脇の急な斜面を登るのが辛い。夏の暑い日に縦走荷物を背負って登った時は倒れそうになった。「大崩れ」を登り切り、ポロモイ台地の背丈を越すハイマツ帯を通り抜け、待ちに待った知床沼に着いて重い荷物を下ろす。１日目の苦労が終わる瞬間だ。

沼の北西側から見る。遠くにテントが見える

ピリカ小沼

Pirikakonuma

3

知床沼から２時間半程の所にある標高1160mの池塘群。地形図に沼のマークはないが、湿原の中に点々と小さな沼（池）がある。知床沼から知床岳に登る時には必ずここを通り、綺麗な湿原の風景に思わず足が止まる。夏の時期は傍らに咲く花々を愛でながら休憩する。

沼の水深がとても浅いので温暖化のため湿原が乾燥し、周囲のハイマツが進入して沼が消えてしまうのではと思ったりもする。この池塘群が永遠に残ってほしいと思う。知床岳に行く斜面を少し登ると眼下に湿原全体を見渡すことができ、水面が陽光にキラキラと輝いているのは美しい光景である。広い台地のハイマツ帯の中にあるので、霧が出て視界不良の時は沼への出入り口が分からなくなり、ハイマツの中で迷って時間をロスする人もいるようだ。ここから知床岳までは約１時間だが、標高差80mの斜面を登りポトピラベツ川源頭

ハイマツから出ると突然、
湿原が広がる

湿原に小さな池が点在する

湿原に点在する
池塘の水面にきらめく陽光

崖っぷちに出て初めて知床岳が見える

の崖っぷちに出て、初めて知床岳の雄姿を目にすることができる。　（2007年9月23日　訪ねる）

Route

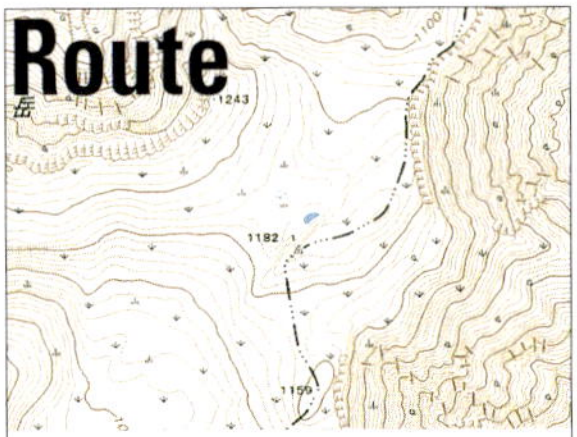

夏期に知床岳を目指すルートは相泊から知床沼経由と、ルシャからコタキ川を遡行して登るのが一般的だが、大部分の登山者は知床沼経由のルートが多い。
知床沼から刈り分け道を辿り、1132Pの痩せ尾根に上がる。尾根が少し広くなった辺りで踏み跡を見失うことがあるので注意がいる。ハイマツを掴んで急斜面を10mほど下りると尾根は終わり、標高1115mのコルに出る。
コルから右に入るとダケカンバとハイマツの中に刈り分け道が続き、30分ほどで台地の中にある湿原に出る。

斜面の登りから見る池塘群

ピリカ大沼

Pirikaohnuma

④

三角点「鵜鳴別」

ピリカ小沼の池塘群から15分の所にある標高1165mの沼。湿原の南東端にある沼で半月形をしている。知床沼から知床岳へ登る縦走路から外れているため、この沼まで来る人は稀である。9月下旬の沼の周囲は草紅葉の絨毯で、緑のハイマツと黄色や紅のコントラストがとても美しかった。

水深は浅く、沼に入る川も出る川も無いので溜まり水のようだ。沼の上には標高1182mのなだらかな山があり、山頂には三等三角点「鵜鳴別（ウナキベツ）」が大正6年に埋設されている。沼からハイマツに覆われた斜面を登り三角点を探しに行く。

ハイマツを掻き分けながら30分で山頂には着いたが、90年前に埋められたハイマツの中の三角点を見つけるのは困難だった。3人で探して遂に三角点を見つけることができた。90年前にウナキベツ川を遡行して三角点を運んだ人達は、眼下に

草紅葉の絨毯が美しい半月形の沼

見えるこの沼にも泊まったのだろうかと思うと感慨深いものがあった。(2007年9月23日　訪ねる)

美しい草紅葉

Route

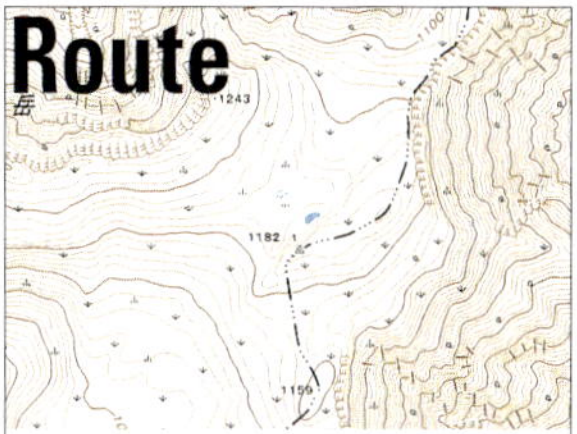

この沼にはいつか来たいと思いながら、これまで何度か知床岳に登頂しても沼まで来ることは無かった。今回は最初から知床岳の登頂と沼の探訪を計画に入れ、8回目の知床岳登頂で初めて沼に来ることができた。知床半島にある多くの湖沼の中で、ピリカ小沼とピリカ大沼だけが日帰り不可能な所である。
ピリカ小沼から明瞭な道があるわけではなく、クマよけの笛を吹き、声を出しながら、ハイマツを避けて湿地の歩きやすい所を辿るとピリカ大沼に出る。

半月形の沼

ピリカ大沼

Pirikaohnuma

4

1182m の山腹から見た沼の全景

ウナキベツ川周辺の沼

相泊から海岸を歩き
観音岩を越えるとウナキベツ川が流れている
いつの頃かウナキベツ川はポロモイ台地の大規模な地滑りで
土砂や岩石で埋まり、川の大部分が地下に伏流している
その時に堰き止められてできた沼や
地滑りの影響を受けたと思われる沼が
沢の中に点在している

ウナキ沼

Unakinuma

5

正面の谷に
ウナキベツ川の源頭がある

ウナキベツ川上流の標高520mにある沼。昔、ポロモイ台地が大規模な地滑りを起こした時に、崩れた膨大な岩石でウナキベツ川が埋まり、その時に堰き止められてできた沼である。大正6年に陸軍参謀本部陸地測量部が、観音岩からウナキベツ川を遡行して1182m峰に三等三角点「鵜鳴別(ウナキベツ)」を設置した時はまだ地滑りが起きていないので、この堰き止め沼も存在しなかった。

青沼を出発して1時間ほどで、堆積した岩石の上に木が生えた小山の頂に立った。眼下に堰き止め沼がある。正面に見える馬蹄形の谷の斜面からウナキベツ川が流れ下り、沼に流入している。岩石の小山で堰き止められた川と沼の様子がよく分かる。沼は瓢箪の形をしており、左の沼は円形で緑色をしている。右側は沼というより川のプール状で濁った灰色をしている。緑色と灰色の境目が何ともいえない綺麗な色をしている。

奥が緑色で手前は灰色

崩れ落ちた岩石に堰き止められた沼

思えば陸地測量部は重量70kgの三角点を背負い、標高差600mの急斜面を登って行った。大変な苦労だったに違いない。90年前に思いをはせながら、沼の水に手を触れて沼を後にした。

（2007年9月24日　訪ねる）

ポロモイ台地の地滑り

Route

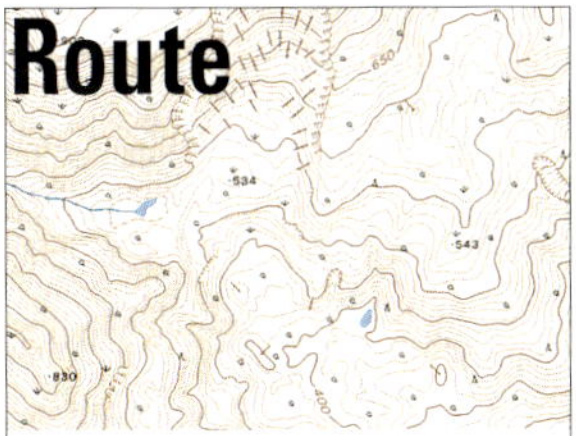

青沼までは踏み跡道があるが、ウナキ沼へ向かう道は無いので地図とコンパスで確認しながら進む。我々は知床岳からの帰路、青沼にテントを張り、翌朝ウナキ沼を目指してサブザックで出発した。
ウナキ沼は青沼から800m北西にあり、約1時間ほどで行くことができるが、膨大な岩石に覆われたウナキベツ川を進むのは大変で、かなりハードである。標高500mを過ぎた辺りに不明瞭な二股地形があり、そこを左に行くのが正解で、間違って直進してしまうと大崩れの中の迷路に入り込んでしまう。

プール状の川

青沼

Aonuma

6

白樺などの樹木に囲まれた沼

羅臼町相泊から北4.5kmの標高400mにある沼。この沼の青色はまるで水そのものに色がついているのではと思うくらいだが、コップに汲んでみると無色透明である。光の加減で青く見えるのであろうか。

沼の北側には小さな滝が流れ落ちていて、沼に水を供給している。沼からは小川が流れ出ていて、岩の下を伏流しながらウナキベツ川に注いでいる。沼の畔にはテントを張るのに良い平らな草地がある。私も一度だけ泊まったことがあるが、水面に白樺の白い幹を映す美しい青沼を鑑賞しながらビールを飲むのは最高だった。

沼の水を飲んだことはないが、沼から10分ほどの所に石の板が大量に積み重なるスレート広場があり、広場の下から伏流するウナキベツ川が突然噴出している所がある。目印は大きな四角い岩の陰で、岩と苔の間からゴーゴーと音を立てて、手が切れるような冷たい水が流れ出ている。水場

誰もが神秘の青色に魅了される沼

水面に三色の青が映る

が近いスレート広場は昔からテント場にもなっていて、石の板を平らに敷き詰めた跡が残っている。殺伐としたスレート広場と森に囲まれた神秘の青い沼、この対比を楽しむのも良い。

（2007 年 9 月 24 日　訪ねる）

Route

青沼へ行くには羅臼側の車道が行き止まりになる相泊から出発する。知床岳に登るため縦走装備で海岸の歩きにくい玉石の上を、クナシリ島の山々を眺めながら観音岩まで 1 時間半程歩く。高さ 30m の観音岩を固定ロープで越し、ウナキベツ川に架かる橋を渡ると左岸に踏み跡道がある。すぐに急な斜面があり、固定ロープや笹を掴んで登ると平らな林になり、一息つく。林の中には鹿などの獣道が多くあり道を見失うこともあるが、道さえ間違えなければ困難な所はない。標高 400m まで来ると登山道の右脇に青沼がある。相泊から沼までは縦走装備で 4 時間ほど。

吸い込まれそうな青い色

観音沼

Kannonnuma

⑦

ウナキベツ川左岸の標高 200m にある小さな沼で、観音岩の海岸から約 1km の登山道脇にある。地形図の沼のマークも小さく目立たないので、沼に気付かずに通り過ぎる人もいると思われる。沼は緑濃い樹林に囲まれているので全体に暗い感じがするが、沼の中の枯れた木の幹が白骨のように見えて、この沼を印象づけている。

10 年以上も前に来た時も、白骨の幹はこのような姿であったから、よく倒れずにこの姿を保っているものだ。ある年の 9 月下旬に来た時は沼の浅瀬にたくさんのオタマジャクシが泳いでいた。10 月に入ると寒い時には薄氷が張ったり、雪も降ったりするのに、これからちゃんと蛙になるのだろうか、間に合うのだろうかと心配した時があった。　　　　（2009 年 6 月 14 日　訪ねる）

海岸の観音岩

自然の芸術

静香沼

Shizukanuma

⑧

ウナキベツ川右岸の標高310mにある沼で、登山道からは離れているため訪ねる人もいない。登山道からウナキベツ川に入ると、川は雪解けによる増水でゴーゴーと音を立てている。川のふちをしばらく行くと、やがて音が静まり川の流れは雪渓と岩の中に隠れ、ぷっつりと消えてしまった。ポロモイ台地の地滑りで土砂と岩石がここまで押し流されてきたのが分かる。

地形図とコンパスで沼を探して進むと、広葉樹林に囲まれた静かな沼があった。クマよけの笛の音とメンバーの声が沼に反響する。初めて訪ねた沼の雰囲気をしばし味わう。休憩後、100m上流にあるとどろき沼を目指すため沼を後にする。

（2009年6月14日　訪ねる）

樹林に囲まれた沼

静寂が香る沼

とどろき沼

Todorokinuma

⑨

静香沼から100m離れた所にあり、ウナキベツ川の中にある標高310mの小さな沼。静香沼からコンパスを定めて森の中を進むと、じきに沼に出ることができた。

沼中にゴーゴーと音が轟いている。沼の南側に立つと、向かいの北側から川が音を立てて沼に流入しているのが見える。しかし、この沼からは川は流れ出ていないので、沼の水は地下に伏流しているのだろうか。沼の西側を回って川が流れ込んでいる所まで行ってみる。川と沼には高低差があり、まるで滝のように音を立てて沼に流入している。たぶんこの川は次に目指すバイカモ沼から流れ出ているのだろう。川を遡ってバイカモ沼を目指すことにした。　(2009年6月14日　訪ねる)

沼に流れ落ちる川

沼の南側から見ると向かいの北側から川が流入している

沼じゅうに響きわたる川の音

バイカモ沼

Baikamonuma

⑩

とどろき沼から180m離れた所にある沼で、二つの沼は川で繋がっている。とどろき沼から川を遡ると、20分ほどでバイカモ沼に着いた。思ったより広く感じる沼で、水中には清流に生えるバイカモソウが繁茂している。

まだ、バイカモソウの花が咲く時期ではなかったが、昔日に知床岳を目指した時にパーティーがルートを外し、偶然この沼に出たことがあった。その時は沼のあちこちにバイカモソウの白い花が咲いていて、とても美しかった。沼の水は東側から川となってゴーゴーと流れ出ていて、その流れはとどろき沼に注がれている。

（2009年6月14日　訪ねる）

バイカモ沼から流れ出る川

昔日に来た時に咲いていたバイカモソウの白い花

二ツ池と知床五湖周辺の湖沼

N
0
500
1000m
知床林道は
開通により今は
車で行ける
知床林道
知床五湖
⑪-3 三湖
⑪-4 四湖
⑪-1 一湖
⑪-5 五湖
⑫コウホネ沼
⑪-2 二湖
知床五湖
駐車場
⑬イダシュ灰色沼
美しい湿地
岩尾別
温泉
温泉駐車場
斜 里
木下小屋
オホーツク展望
弥三吉水
極楽平
二ツ池
⑮天の池
⑭地の池
テンバ
オッカバケ岳
登山道
登山道や三ツ峰での
クマの目撃が多い
羅臼町
テンバ
三ツ峰
羅臼平
テンバ

知床五湖

Shiretokogoko

⑪

湖を一周できる木道の散策路

知床五湖は知床半島では有名な湖で、バスや車で観光客が大挙して押し寄せる観光名所である。湖を一周する散策路には木道が整備され、軽装備で五つの湖を巡ることができる。しかし、湖の周囲はヒグマの生息地でもあり、クマとの遭遇の危険があるため、その日によっては一周できないこともある。2007年8月に家族で木道を歩いていた男性が家族とはぐれ、そのまま行方不明となった事もあった。

一湖まで高架式木道が設置され、展望台から一湖と知床連山の景色を眺めることができる。2011年5月10日以降は一湖までの地上木道ルートが廃道となったので、五湖から二湖まで一方通行で木道を周り駐車場に戻ることになった。

尚、地形図には知床五湖の北にもう一つ沼のマークが記載されているが、航空写真で見た限りでは沼は無く、雪解けの時だけできる水溜りかもしれず、あるいは浅い沼に笹が進入して消えてしまったのかもしれない。

知床五湖では2011年5月10日から「利用調整地区制度」がスタートしている。

①5月10日～7月31日の間は「ヒグマ活動期」として、立ち入りできる人数は1日最大300人となり、ガイドツアーに申し込んでガイドに引率してもらう。ツアー料金は3000円～5000円。

②8月1日から10月20日の間は「植生保護期」として、立ち入りできる人数は1日最大3000人となり、ガイドは不要で大人250円、12歳未満100円を支払う。

一湖

Ichiko

⑪-1

一湖の風景（地上ルート）

一湖から羅臼岳を望む

二湖
Niko

⑪-2

木の間から見る二湖

三湖
Sanko

⑪-3

松が生える中島のある三湖

四湖
Yonko

⑪-4

尖った硫黄山が水面に映る四湖

五湖

Goko

⑪-5

知床五湖は川の出入りが無い湖であるが、どのようにして湖ができたのだろうか。湖には火口に水が溜まった火口湖、川が堰き止められてできた堰き止め湖があるが、知床五湖はそのどちらでもなく、山体崩壊が原因でできた湖であるという。

南岳の巨大地滑りでできたという説の本もあるが、知床博物館編の『知床の地質』という本では、約 3700 年前に知床硫黄山が噴火した時に頂上部が山体崩壊を起こし、大量の岩石や土砂が山麓に流れ下り、その末端は現在の知床五湖まで達したという。岩屑なだれ堆積物の凸凹地に水が溜まったり、地下を通る水脈が湧き出して知床五湖になったという。

知床五湖のあるイワウベツ地区では、大正、昭和の 2 回にわたり開拓で入植した人達が、昭和 41 年頃まで一湖の周りで放牧をしていた。入植した農家は森林を切り開き、羅臼岳が噴火した時の火山灰や石ころの畑を耕し、苦労に苦労を重ねたが

五湖から知床連山の山並みを望む

開拓に失敗し全戸離農した。一湖の放牧地も今では笹原となっている。

また、昭和29年に湖に魚を放流した記録が残っているという。鯉やニジマス、フナ（銀ブナ）を放流したが、いつしか鯉やニジマスは姿を消し、銀ブナだけが現在も一湖、二湖、三湖で確認されている。入植した人達も、放牧されていた牛なども居なくなってしまったが、銀ブナだけは生き残っている。

開拓跡地を買い戻し、自然に復元するため「知床100平方メートル運動」が始まった。多くの人の手で植えられた樹木は増えすぎた鹿の食害に遭い、自然を元に戻すのは難しいと実感させられる。

高架式展望台から美しい湖と知床連山を眺める時、硫黄山や羅臼岳の噴火した様子や、一湖の草原に放牧された牛、湖の水中を泳ぐ銀ブナ、離農した人々の事を想像しながら景色を見渡すのも味わい深いのではないか。

コウホネ沼

Kouhonenuma

⑫

建物の前で

コウホネ沼の船

知床五湖から1kmほど東の標高310mにある沼。知床林道のすぐ傍にあるが、年間に何十万人も観光客が訪れる知床五湖から外れているので訪れる人もいない。もし知床五湖の散策路にこの沼があれば、知床六湖と呼ばれて、多くの観光客に見てもらえただろう。

ひっそりとした沼の林には小屋が建っていて、岸には小船が置いてある。小屋の中は畳敷きで人が泊まれるようになっているようだ。小屋と船はこの沼に関係しているのだろうか。沼に船を浮かべて何かの調査をしていたのだろうか。ネムロコウホネの水草が生えた沼には魚がいるのだろうか。疑問が次々に浮かんでくるが、知床半島にある多くの湖沼の中で、畔に建物と船があるのは唯一この沼だけである。

林に囲まれているため知床連山などの景色も見えず、取り立てて注目されるような沼ではないが、建物と船がある沼としていつまでも脳裏に残る沼である。　　　　(2009年11月8日　訪ねる)

Route

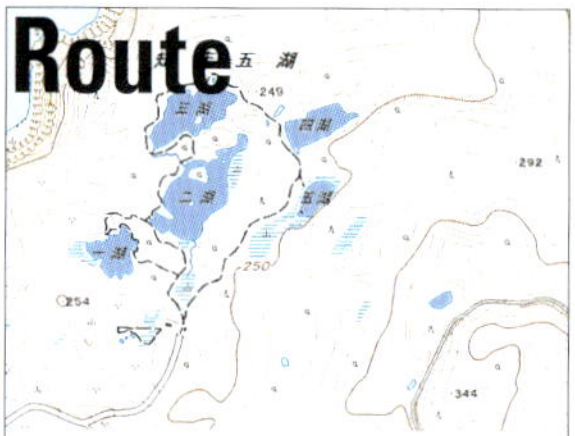

知床林道は何年も前から許可車両以外は通行禁止になっている。規制される前は林道を走る車から沼が見えるので、車から降りて林の中を行くとすぐに沼に着くことができた。しかし、規制中の林道は車だけではなく人が歩くのも禁止されているようだ。山岳会などを含む7団体が、硫黄山の登山口に通じる林道の規制を解除してもらうように要請書を提出した。この沼だけを目指して行く人は稀だと思われるが、もし行かれるなら林道規制が解除されてからのほうが容易である。
(2011年夏より規制が限定的に解除されることになった)

夏に咲くネムロコウホネの花

青空を水面に映す沼

知床半島で唯一
畔に建物と船がある沼

イダシュ灰色沼

Idasyuhaiironuma

⑬

沼の下にある湿地

イダシュベツ川の右岸山腹の標高500mにある灰色の沼で、知床林道から1km東にある。地形図には湿地のマークが記入されているが、実際には広い沼で、川の出入りがあるので沼の水が涸れることはないと思われる。

水深30cm程の沼の底には灰色の泥が積もっている。硫黄山が噴火した時の火山灰だろうか。泥の下は固い岩盤のようで、水の中を歩いても沈まずに歩きやすい。水中の泥の上にクマの足跡がいたる所にくっきり残っている。たくさんの足跡があり、数頭のクマが歩いたのか、1頭があちこち動き回ったのかは分からないが、暑い日に水浴びでもしたのだろうか。

我々も沼の中を歩いて北側の岸に上がる。小さな原っぱにフカフカの緑の苔が広がっていて、その中を細い川が流れて沼に落ちている。沼の上には羅臼岳から連なる山々が見えて景色が良い。沼の南側から流れ出た川は一段下にある湿地の中を蛇行し、長さ100mの滝となってゴーゴーと音を立てながら斜面を下り、イダシュベツ川に注いでいる。　　　　（2010年9月12日　訪ねる）

Route

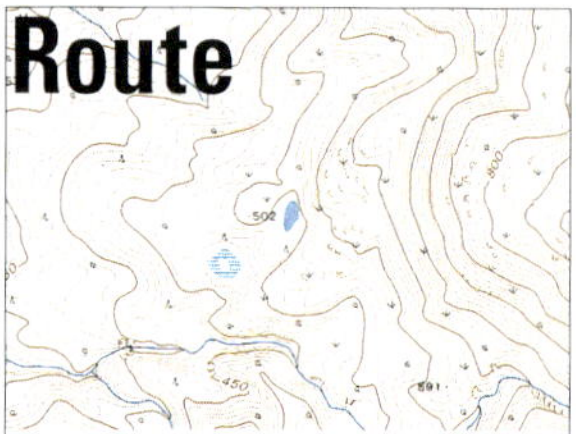

知床林道から近いが、林道は何年も前から許可車両以外は通行禁止になっていた。今回は沢装備で盤ノ川の下流を遡行し、林道の縁を歩いてイダシュベツ川に入った。イダシュベツ川の標高350m二股を左に入ると大きな二段の滝がある。滝の右岸を高巻くと沼に通じる川が流れている。川に沿って斜面を登り、湿原を蛇行する川を辿ると沼に行くことができる。

今回は盤ノ川の下流から出発したので沼まで時間がかかったが、林道が車で通行できるようになると、短時間で行くことができる。沼だけを目指すならイダシュベツ川右岸の林の中を行くのが早い。（2011年夏より規制が限定的に解除され車の通行が可能になった）

知床連山が見える。右端が羅臼岳

灰色の泥にクマの足跡が無数にある

水中の灰色の泥に
クマの足跡が残る沼

イダシュ灰色沼

Idasyuhaiironuma

⑬

湿地から流れ落ちる 100m の滝

二ツ池

羅臼岳から硫黄山に行く縦走路の途中に
オッカバケ岳と南岳との標高 1310m コルに二つの池がある
知床半島では一番標高の高い所にある池である
二ツ池は縦走する登山者のキャンプ地になっている

地の池

Chinoike

⑭

二ツ池の南側にある大きな方の池が地の池である。花の時期には池の周囲に高山植物の花が咲き、重い荷物を下ろした登山者の疲れた心身を癒してくれる。

健脚者なら羅臼岳の登山口から硫黄山の下山口まで日帰り縦走することもできるが、ゆっくりテント泊して稜線からオホーツク海と根室海峡の二つの海を同時に眺めながら歩くのは、日高や大雪山では味わえない知床半島特有の醍醐味である。

泊まる時のクマ対策用に食料を保管しておくフードロッカーが、羅臼平、三ツ峰、二ツ池のキャンプ地に設置されている。この数年、羅臼平から三ツ峰に上がった所の斜面にクマが出没する回数が多くなり、クマに追いかけられて羅臼平まで逃げて来る登山者もいる。

（2009 年 8 月 23 日　訪ねる）

地の池

左側奥が天の池　手前の大きな方が地の池

稜線から同時に眺める オホーツク海と根室海峡

池の周りは花で覆われる（7 月）

オッカバケ岳と地の池

天の池

Tennoike

⑮

　二ツ池の北側にある小さな方の池で、夏には水が涸れていることが多い。以前来た時にはすっかり池が干上がっていて、地面には碁盤の目のような深い亀裂が無数に入っていた。天の池は少し傾斜した場所にあるため、雪解け水や雨水が下の方にある地の池に流れていってしまうのだろう。地の池は年中水を湛えているので、天の池が干上がっていても飲み水の心配はない。

　天の池から縦走路を 1km ほど進むと南岳があり、7 月初めには砂礫地に知床の名花シレトコスミレが咲いている。

南岳のシレトコスミレ

天の池

Route

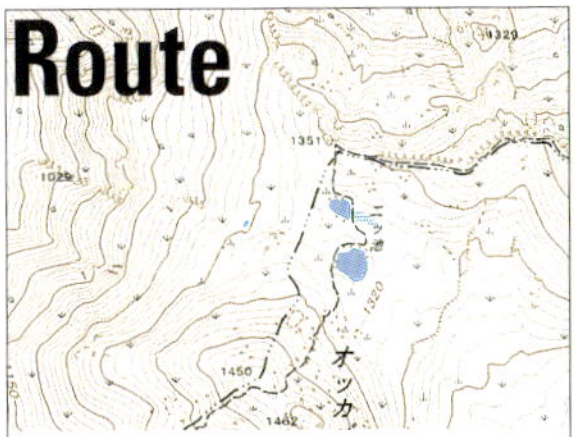

二ツ池は羅臼岳から硫黄山に縦走する際にテント場として利用する池で、池だけを目指して行く人はいない。数年前から硫黄山の登山口に通じる知床林道が通行禁止になったため、羅臼岳から縦走しても硫黄山の登山口に下山することができなくなった。
硫黄山に登る場合は二ツ池に泊まり、翌日、硫黄山を往復するしかないが、時間がかかるため縦走する登山者が少なくなった。早く知床林道が通行できるようになるといいのだが。(2011 年の夏に通行禁止が解除されることになった)
今回はチームしこたんで足の早い樋口夫妻が、日帰りで羅臼岳登山口から二ツ池を往復したが、普通の人は日帰りはかなり難しい。

天の池

Tennoike

⑮

天の池の全景

II
羅臼岳・天頂山周辺の湖沼

羅臼岳

羅臼町周辺の沼

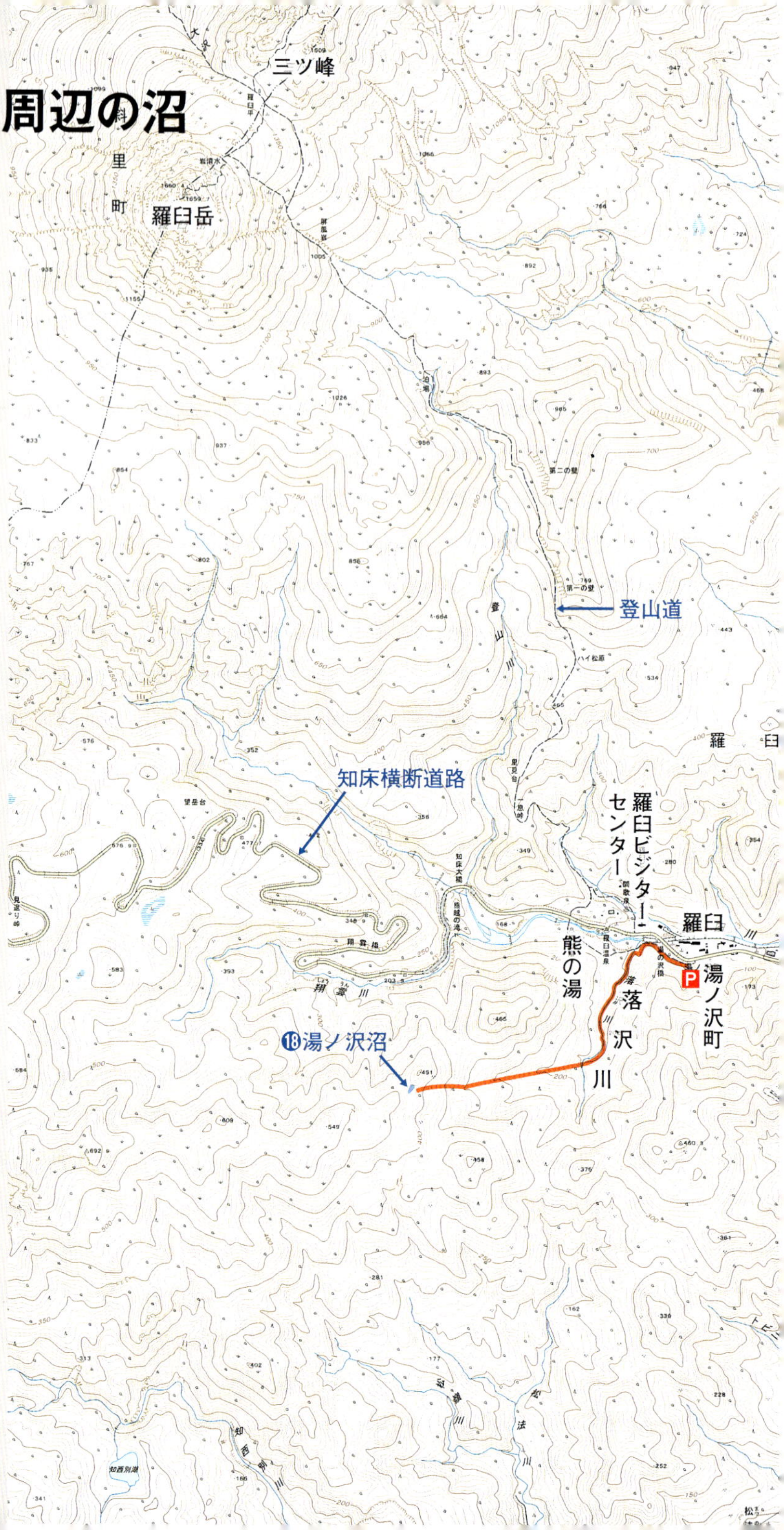
三ツ峰
里
町
羅臼岳
登山道
知床横断道路
羅臼ビジターセンター
熊の湯
羅臼
湯ノ沢町
落沢川
⑱湯ノ沢沼
P
羅臼
登山川
望岳台
知床大橋
翔雲川

モセカルベツ川
オッカバケ川
天狗岩トンネル
岬町
カイミネ川
サシルイ川
海豊川
カイミネ大滝
サシルイ沼
三股
刺類橋
P
⑯サシルイ沼
三角点
「差類」
サシルイ岬
海岸町
知徒来川
英嶺山
登山道
⑰四ツ倉沼
P
共栄町
船見町
富士見町
緑町
道の駅
本町
礼文町
N
0
500
1000m

サシルイ沼

Sashiruinuma

⑯

羅臼町のサシルイ川河口から3.5km西の標高240mにある沼。

サシルイ川河口に駐車して川に入るとすぐに砂防ダムがある。ダムの人工魚道の中に入れない鮭や鱒が群れて飛び跳ねている。時期的に魚を狙うクマを警戒し笛を吹きながら進む。

河畔林の中にある鹿道を利用しながら何度か川を徒渉し、1時間半で標高120m三股に着く。ここまでは順調だったが、沼に行く左股がなかなか見つからず、時間をロスしながらもなんとか沼に着く。

9月初旬の沼は思っていたより小さく感じる。広葉樹に囲まれた円形の沼を一周したが沼に出入りする川は無く、遠くにサシルイ岳が遠望できた。

休憩後、帰りにサシルイ川の標高80m二股からカイミネ川に入り、地形図に載っている滝を見に行った。思ったより大きな滝で落差が40m程の大滝である。豪快な滝に架かる虹が美しく心が洗われる思いがする。この滝に名前は無いが、名付けるとすれば「カイミネ大滝」だろうか。

(2007年9月2日　訪ねる)

Route

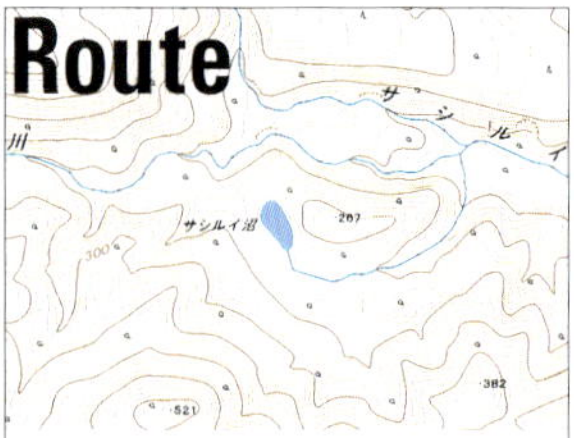

サシルイ川を遡行し、標高310m三股から左股の川に入って簡単に行けると考えたが、実際には左股の位置が地形図とは違っている。入口を探すのに時間をロスする。左股に入ってからも小さな二股に惑わされ、沼に行く沢へ1回では入れず沢の中を何度か行きつ戻りつした。地形図では川と沼が繋がっているが、我々が行った時は繋がっていなかった。川が途中で消えてしまうので、コンパスを沼の方向に定めて薮を漕いで沼に到達した。大雨が降ると沼の水があふれ、川となって繋がるのかもしれない。沼まで2時間40分。

南側から北側を見る

北側からサシルイ沼の全景

遠くにサシルイ岳を望む砂浜のある沼

虹が架かるカイミネ大滝

四ツ倉沼

Yotsukuranuma

⑰

羅臼町の北にある英嶺山（520.9m）の標高215mにある沼。2004年に羅臼山岳会が英嶺山に登山道を開設した時に、作業の手伝いをされた四ツ倉さんという人が転勤するので記念に付けた名前だという。英嶺山は笹が密生する山で、ダニを払いながら何年もかけて登山道を整備する作業は大変だったに違いない。

沼は登山口から30分程の所にあり、水面に新緑の木々と英嶺山の山頂を映す美しい沼である。沼に入る川も出る川もなく、沼はエゾアカガエルの産卵場所になっている。エゾアカガエルの学名はRana pirica（ラナ・ピリカ）で、アイヌ語で美しい、可愛いの意味のピリカが名前に付けられている。美しい沼に可愛い蛙が棲んでいる。

沼から英嶺山までは1時間もかからずに登ることができる。三等三角点「孵場上」が埋設されている頂上からは、羅臼岳や知床の山々、根室海峡

登山口に咲くクリンソウの花

水面に新緑の木々が映る

英嶺山の登山道にある美しい沼

英嶺山の頂上からの展望

には羅臼町と25km しか離れていないクナシリ島が一望できる。　　（2007年6月17日　訪ねる）

Route

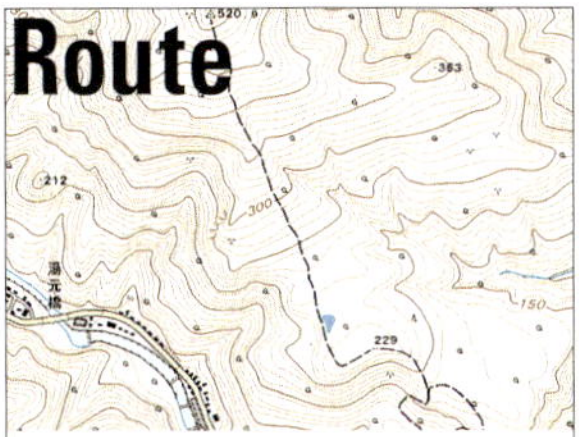

羅臼中学校の校舎裏に登山口があり、日曜日だったので学校の敷地内に駐車して出発する。
昔は生活道路だったと思われる砂利道を行くと、クリンソウの花がたくさん咲いていて思わぬ歓迎に声をあげる。道の行き止まりには廃屋の残骸があり、その先に「英嶺山登山道」の標識が立っている。笹刈りされた登山道を登って行くと道は急になり、崖っぷちの平らな所に上がると眼下に羅臼市街と先ほど出発した登山口の羅臼中学校が見える。登山道をそのまま登って行くと四ツ倉沼に着く。

沼からは英嶺山が見える

湯ノ沢沼

Yunosawanuma

⑱

ナメ床を楽しみながら遡る小さな沼

沼の北側から羅臼岳が見える

落沢川の岸から湯気が上がる

羅臼町の湯ノ沢町から2km南西の標高420mにある小さな沼。湯ノ沢町には有名な無料の露天風呂「熊の湯」があり、一年中地元の人や旅人の入浴で賑わっている。近くには国設キャンプ場があり、知床横断道路が斜里町ウトロまで通じている。

沼に通じる道は無いので、川を遡行し笹薮を漕いで行く。沼の周囲は密生した笹薮で覆われているが、訪ねた時が晩秋だったのでダケカンバの葉もすっかり落ち、木も疎らで日当たりが良く明るい沼であった。岸の笹の上に座り、まるで小さな火口に水が溜まったような沼の景色と雰囲気を楽しむ。沼に出入りする川は無く、沼の傍には451mの小山がある。小山の斜面に生える笹の緑とダケカンバの白い幹が水面に映り美しい。

沼の北側には思いがけず羅臼岳の上部が見え、頂上部は冠雪して白くなっている。北側の尾根の上まで行って羅臼岳の全景を見てみたいが、これからもう一つ目指す沼があるので時間がない。いつか沼の傍にある451mの小山に上がり、この沼を眼下に見ながら羅臼岳を眺めてみたいと思いながら沼を後にした。(2007年10月28日　訪ねる)

Route

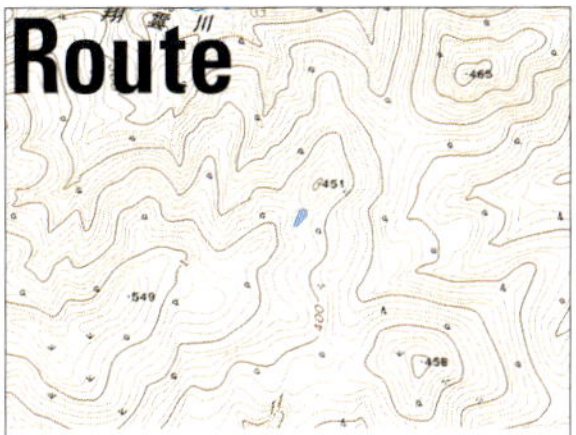

湯ノ沢町の公衆トイレの前に駐車し、羅臼川に架かる湯ノ沢橋から遊歩道を歩いて支流の落沢川に入渓する。少し進むと川の岸から温泉が湧き出して湯気が出ている。温泉を汲み出している黒色の太い管が何本も川岸に延びている。温泉の熱があるので地面が暖かく、10月も末なのにコオロギが鳴いている。
落沢川の中流まで行くと川床が岩盤になり、ナメが長い距離連続して楽しめる。滑り台のようなナメの岩盤の上を赤や黄色の落葉が流れるのは美しく、歓声を上げながら夢心地で遡行する。細い川はやがて水流が消え、笹が密生した沢形を辿る。沢が不明瞭になり、笹を掻き分けて進むと沼に着く。登り2時間。

天頂山と羅臼湖周辺の湖沼

羅臼岳
三ッ峰
バス停
天頂山の火口沼
知床峠
峠から羅臼湖入口への
バスがある
㉖親子沼
㉗天頂沼
㉚コザクラ沼
天頂山
㉘長沼
㉙丸沼
㉜明小沼
㉛大沼
バス停
㉓五の沼
㉝目梨沼
㉑三の沼
㉒四の沼
⑳二の沼
バス停
㉕羅臼湖
羅　臼　町
㉔麓の沼
⑲一の沼
羅臼湖湿原
N
0　500　1000m

羅臼湖湿原

知床峠から南南西約 3km にある湿原で
遊歩道が整備されて近年多くの人が来るようになった
知床横断道路から羅臼湖までの間は湿地帯になっていて
北側には天頂山、西側には知西別岳がある
天頂山火山溶岩流の台地の上に湿原があるが
台地は必ずしも平坦ではなく
小山の起伏の中に湖沼が点在する
（2007 年 6 月 24 日　訪ねる）

一の沼

Ichinonuma

⑲

一の沼は横断道路から遊歩道を歩いて10分程で最初に現れる沼で標高は700mである。雪解け水や雨水が溜まった沼なので、雨の少ない年には涸れることがある。チシマミクリ群落、フトヒルムシロ群落が分布。

小さな水芭蕉が咲いている

羅臼岳の頂上部が見える

雨の少ない年には涸れ沼に

二の沼

Ninonuma

⑳

一の沼から木道を歩いて次に出てくる沼が二の沼である。一の沼同様雪解け水や雨水が溜まった沼で、チングルマやエゾコザクラソウなどの雪田群落がある。クロヌマハイリ群落が分布。

湿原の木道を行く

羅臼岳と湿地の沼

可憐な花たちの群落と出会う

三の沼

Sannonuma

21

三の沼には展望台が設置されていて、沼の水面に羅臼岳が逆さに映る美しい景色で人気がある。

ここからの景色の写真が絵葉書となって販売されている。ミツガシワ群落、ミヤマカギハイゴケ群落が分布。

エゾイトトンボ

展望台から望む羅臼岳
あいにく天気が良くなかった

展望台から見る逆さに映る羅臼岳

四の沼

Yonnonuma

㉒

地形図では小さく記載されているが、雪解け時期に訪れたので水を満々に湛えて大きな沼になっていた。三の沼と同様、ミツガシワ群落、ミヤマカギハイゴケ群落が分布。

水中のミツガシワ

満々と水が溜まった沼

雪解け時期には湖面が拡大

五の沼

Gononuma

㉓

羅臼湖の手前にあり、湿原の中の沼では一番大きな沼である。知西別岳が近くに見える。オオアゼスゲ群落、チャミズゴケ群落が分布。

北側から南側を見る

知西別岳が見える

面積は羅臼湖湿原の中で最大

麓の沼

Rokunonuma

㉔

標高730mにあり、他の五つの沼には木道が付いているが、この沼には道が無いので誰でも簡単に行くことはできない。6月下旬に雪渓を伝って沼までそれほど薮を漕がずに歩くことができた。まだ沼の一部が雪渓に覆われていたが、湿原の中にある沼の中では五の沼に次いで大きな沼である。羅臼岳を望むことができ、人が来ることもなく静かな沼である。「六の沼」では味気ないので「麓(ろく)の沼」と呼ぶことにした。

訪れる人もなく静けさが漂う

雪渓の先に沼があった

羅臼岳を望む静かな沼

羅臼湖

Rausuko

㉕

乗越沢の流れが湖に入る

羅臼湖は知床峠から南西 3km の標高 740m にあり、知床半島にある湖沼の中では一番大きな湖である。湖の北側から乗越沢の流れが入り、南側から知西別川となって流れ出ている。湖には展望台があり、知西別岳（1317m）を間近に望むことができる。

以前、展望台にテントを張り 1 泊したことがあったが、一晩中、蛙の鳴き声と、湖の縁を歩く動物の水音がぶきみだったのを覚えている。以前は秘境の湖と言われていた。夏期の湖に最初に到達した記録が残っているのは、1960（昭和 35）年 9 月 17 日に到達した本多勝一氏の探検隊である。その時にはまだ湖に通じる道などは無く、羅臼湖という名前も定着していなかった。

1992（平成 4）年から羅臼湖湿原の植生保護のために木道が設置され、今では年間 5 千人ほどの

知西別岳を間近に望む
知床半島最大の湖

人が訪れるようになり、知床五湖に次いで人気の湖となっている。湿原に点在する沼を巡りながら、広々とした羅臼湖と大きく両手を広げた知西別岳の展望が素晴らしく、これからも年々訪れる人が多くなるだろう。　（2007 年 6 月 24 日　訪ねる）

知西別岳の肩から見る羅臼湖

Route

知床峠から羅臼側に横断道路を3km 下ると羅臼湖へ行く入口がある。入口付近の道路に駐車するのは禁止されているので、知床峠に駐車しなければならない。入口から少し行くと湿原の中に木道があり、大小の沼や花を見ながら 1 時間半ほどで羅臼湖に着くことができる。
5 月中は横断道路の通行時間に制限があるが、6 月になると制限が解除される。木道は 6 月初旬でも残雪で埋まっていることがあり、霧が発生した時は迷うこともあるので初心者は注意がいる。

木道展望台から見る羅臼湖と知西別岳

天頂山の火口沼

天頂山は知床峠の南西 2km にある山で
峠の駐車場からは小さな丘のように見える
2010 年に活火山と認定され
頂上付近には、いくつもの火口が直線状に 2 列並んでいる
他の山で火口を見るのには
何時間も登山しなければならないが
天頂山の火口は横断道路から近いため
残雪を利用して容易に火口を見ることができる
ただし、雪が消えると
猛烈なハイマツ地獄の中を行くことになり
火口を見るのは困難になる
地形図には沼の水色マークが入った沼は五つしかないが
火口跡の凹地がいくつかあるので
雪解け時期には水が溜り期間限定の沼になっている
（2008 年 6 月 8 日　訪ねる）

天頂山の火口に水が溜まる

親子沼

Oyakonuma

㉖

横断道路から小さな沢を30分ほど登って行くと標高850mに二つの小さな沼がある。この沼は火口という感じはしないが主列の火口に数えられている。子沼と親沼は20m程しか離れていないので、親子沼という名前が似合う。三度目でやっと晴れて羅臼岳を背景にした写真を写すことができた。

ハイマツに覆われた天頂山

2011年7月3日の子沼

2011年7月3日の親沼

天頂沼

Tentyounuma

㉗

横断道路に近く
行きやすい火口沼

沼に氷が浮かぶ

円い火口

大きな羅臼岳と沼

天頂山から東に750m離れた標高870mにある火口沼で、天頂山の代表的な火口である。沼には雪解け水が溜まっていて、円形の沼の背後に羅臼岳が大きく見えて美しい景観を楽しむことができる。横断道路から近いこともあり、これまで何度か訪ねている。

沼の畔に1本の桜の木があり、花が咲いているのを見た事があるが霧が出ていたため写真は撮れなかった。いつか晴れた日に沼と桜と羅臼岳をカメラに収めたいものだ。沼の周囲はハイマツとブッシュが密生しているが、西側が開けているので休むことができる。

天頂山に向かうと、頂上の下にもう一つ深い火口があるが、地形図には沼の水色マークが入っていない。雪解け水が溜まっても浅いためにすぐ蒸発して涸れてしまうようだ。(写真は1996年6月1日に訪ねた時のもの)

長沼

Naganuma

㉘

天頂山から東南に600m離れた標高930mにあり、東西に細長い火口沼。天頂山の火口列は、北側の主列と南側の副列の２列からなっていて、長沼、丸沼、コザクラ沼は南側の副列に属している。最初に長沼を訪ねた時は、主列の親子沼〜天頂沼〜天頂山経由だった。長沼の北側には雪渓が残り、沼には雪解け水が多く溜まっていた。１週間後に行った時は副列のコザクラ沼〜丸沼経由だったが、すでに雪渓は消えて沼の中を歩けるほど浅かったので、夏は乾燥しているのかもしれない。夏期にこの沼を目指す場合、コザクラ沼〜丸沼経由で行くほうが分かりやすく、ハイマツ漕ぎが少ないので時間がかからない。

（2008年6月8日、6月15日　訪ねる）

沼の中を歩けるほど浅い

沼の北側に雪渓が残る

東西に伸びる細長い沼

1週間後には雪が消えていた

沼の上に990mの山が見える

丸沼

Marunuma

㉙

横断道路から西に630mの標高870mにある火口沼で、手前にあるコザクラ沼から沢を辿って行くことができる。沼の周囲は急斜面で、すり鉢形の火口に水が溜まっている。水深がけっこうあるようで水の色が濃い藍色をしていて、底が見えない。

北側には雪渓が残っていて、急傾斜なので滑ると火口に落ちる危険があり注意が要る。

1週間後は
雪渓が少なくなっていた

天頂山方向から沼を遠望する

雪渓と濃い藍色した火口沼

底が見えない すり鉢形の沼

コザクラ沼

Kozakuranuma

㉚

横断道路から250mしか離れていない標高830mにある火口沼。この沼を横断道路から目指すには、コザクラソウが一面に咲く沢を登る。林の薮を漕ぎ、ハイマツを越えて行く。

沼の北側には厚い雪渓が残っていて、割れて沼に崩れ落ちている。火口は浅く容易に下りることができ、沼底の石が見える。沼の西側は広い湿地になっていて雪解け時期だけ水が溜まっている。

可憐なコザクラソウが
咲いている

雲の中に羅臼岳が見える

浅い底の石が見える

大沼

Ohnuma

31

羅臼湖から北に 1.3km 離れた標高 840m にある大きな沼である。昔からこの沼は地元の人には知られていて、夏期に訪れた記録なども残っている。木下弥三吉記念会が発行した「知床日誌」にも1958（昭和 33）年夏に星清太郎氏に先導されて大沼に行った人の記述が載っていて、この頃すでに大沼と呼ばれていたことが分かる。

また、1967（昭和 42）年 8 月に開催された第 11 回全日本登山体育大会の時には、現在の横断道路の大曲から大沼を経由して知西別岳まで刈り分け道が付けられたが、現在では刈り分けは全く判らなくなってしまった。

我々は羅臼湖から大沼を目指すことにした。羅臼湖に注いでいる乗っ越し沢を遡行し、国境尾根を越えて沼の東端に辿り着いた。沼は雪解け水で溢れんばかりで、沼の東端から西端まで水の中を腰まで浸かって歩き、深い所は岸のハイマツを漕いで 40 分かかった。西端まで行くと休める場所があり休憩する。曇り空だったが北東の方向に羅臼岳を望むことができた。

（2007 年 6 月 24 日　訪ねる）

西端に向かって沼の中を行く

東側から西側を見る

昔は道があったが 今は秘境の沼

西側から東側を見る。天頂山が遠くに見える

尾根乗っ越しから沼を遠望

Route

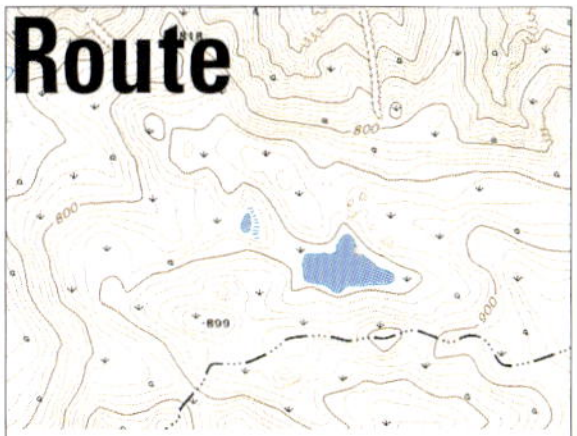

羅臼湖までは遊歩道が付いている。展望台から湖の北側を回りこんで川に入ると雪解け水が冷たい。赤茶けた石の川を北に向かい、標高 740m 二股から右に入ると小滝があり、雪渓を利用して登る。国境稜線にある 900m ピークの右コルを乗っ越すと眼下に目指す大沼が見える。雪渓を下り、沼につながる沢に入る。沢のハイマツと薮に阻まれ、すぐそこに沼が見えるのになかなか辿り着かない。やっと沼の東端に着いたがハイマツがあるために休む所もない。西端まで 40 分かかり、休むことができた。帰りは沼の西端から羅臼湖に向かったが、行く時もこのルートを使ったほうが楽だと思った。大沼東端まで 3 時間半。

明小沼

Akikonuma

32

羅臼湖から北北西1.7kmの標高835mにある沼。899mの山を背景に新緑を水面に映す明るい小沼で、湿地には小さな水芭蕉やコザクラソウが咲いている。小さな沼に花が咲いていて明るい雰囲気なので「明小沼」とした。すぐ隣にある大沼は昔から知られていて、本や記録にも載っているが小沼の記録を目にしたことはない。

大沼から小沼の間は距離にして170mしか離れていないが、背の高い密生したハイマツで覆われているため、行く人がいないので記録にも出てこないのかもしれない。実際、大沼から小沼に行くにはハイマツの枝の上を綱渡りのようにして進んで行くしかない。枝から枝へ渡る時にバランスを崩して何度も落ちてしまう。落ちるとザックや衣服が枝に引っかかり、這い上がるのが一苦労である。

20分ほどでハイマツ地獄を抜け出し、ぽっかり

明るい小沼

沼の背景は899mの山

畔にコザクラソウが咲く可愛い沼

水面に新緑が映る

開けた湿地にある小沼の光景はまるで箱庭のようで、広々とした大沼の景色と比べ、こぢんまりして可愛い感じがする。(2007年6月24日　訪ねる)

湿地にはコザクラソウが咲く

Route

知床峠から横断道路を羅臼側に車で下ると羅臼湖へ行く入口がある。遊歩道を散策しながら羅臼湖の展望台まで行く。展望台から先は道が無いので湖の右側を回りこんで川に入る。
標高740m二股から右股を進み、小滝を越えて雪渓を登る。国境稜線の900mピークの右コルを乗っ越すと大沼が遠くに見える。大沼の東端に続く沢に下りるとハイマツと薮がひどい。
大沼の景色を堪能してから小沼に向かうが、ハイマツ地獄が待っている。羅臼湖入口から4時間半。

目梨沼

Menashinuma

33

羅臼岳の南 4.7km の標高 530m にある沼で、横断道路からは 100m ほどしか離れていない。地形図には湿地帯のマークが記載されているが、実際に行ってみると晩秋でも涸れることなく水を湛えた沼がある。この場所は目梨湿原と呼ばれていて、メナシとはアイヌ語で「東の方」という意味である。北海道の東方を指し、元来は北方領土から知床半島と根室地域一帯を指したが、現在では範囲が狭まり目梨郡羅臼町となっている。

車で横断道路を走る時、すぐ下に見えるほど近くにありながら、沼へ行く道がないために一般には知られていない。横断道路から離れて湿原に入ると別世界が広がっていて、すぐそこを車が走っているとはとても思えない。

晩秋の湿原は黄金色に染まり、大小いくつかの沼の水面に青い空と羅臼岳を映している。ダケカンバの葉もすっかり落ち、幹の白さが鮮やかであ

横断道路と羅臼岳

黄金色の湿原と羅臼岳

車が走る横断道路から近い別世界

突然、彗星のような雲が現れ、
しばらくして消えた

目梨沼

Menashinuma

㉝

小さな沼に羅臼岳が映る

横断道路から見える湿原

る。湿原風景を堪能していると、いつの間にか上空に楕円形の白い雲が彗星のごとく現れ浮かんでいる。珍しい光景に目を奪われていると、その内に雲は薄くなり消えてしまった。

（2007 年 10 月 28 日　訪ねる）

９月初旬の沼

Route

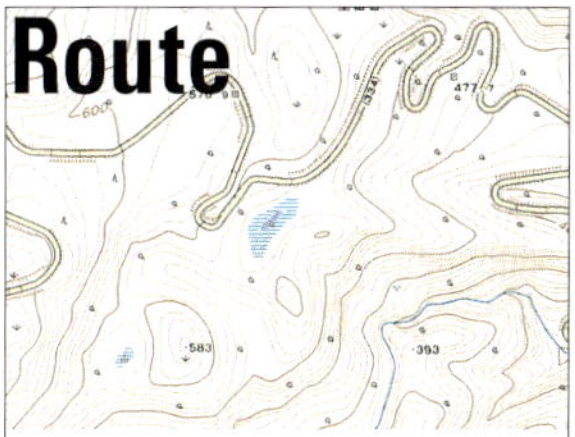

行楽客で賑わう知床峠から車で横断道路を羅臼町側に下って行くと、見返り峠の所に大きなヘアピンカーブがある。そこから更に三つ目のカーブを過ぎた所が沼への下り口となるが、駐車場などは無いので近くの駐車帯などの安全な場所に車を止めて歩いて来るしかない。
沼に行く道は無いので沼を目指して笹を漕ぐことになるが、距離が近いので容易である。湿原には鹿が歩いた踏み跡があるので、その上を歩くようにして進み、できるだけ植生を傷めないように注意が要る。横断道路から湿原までは 15 分で着く。湿原を一周しても 1 時間ほど。

ホロベツ川周辺の沼

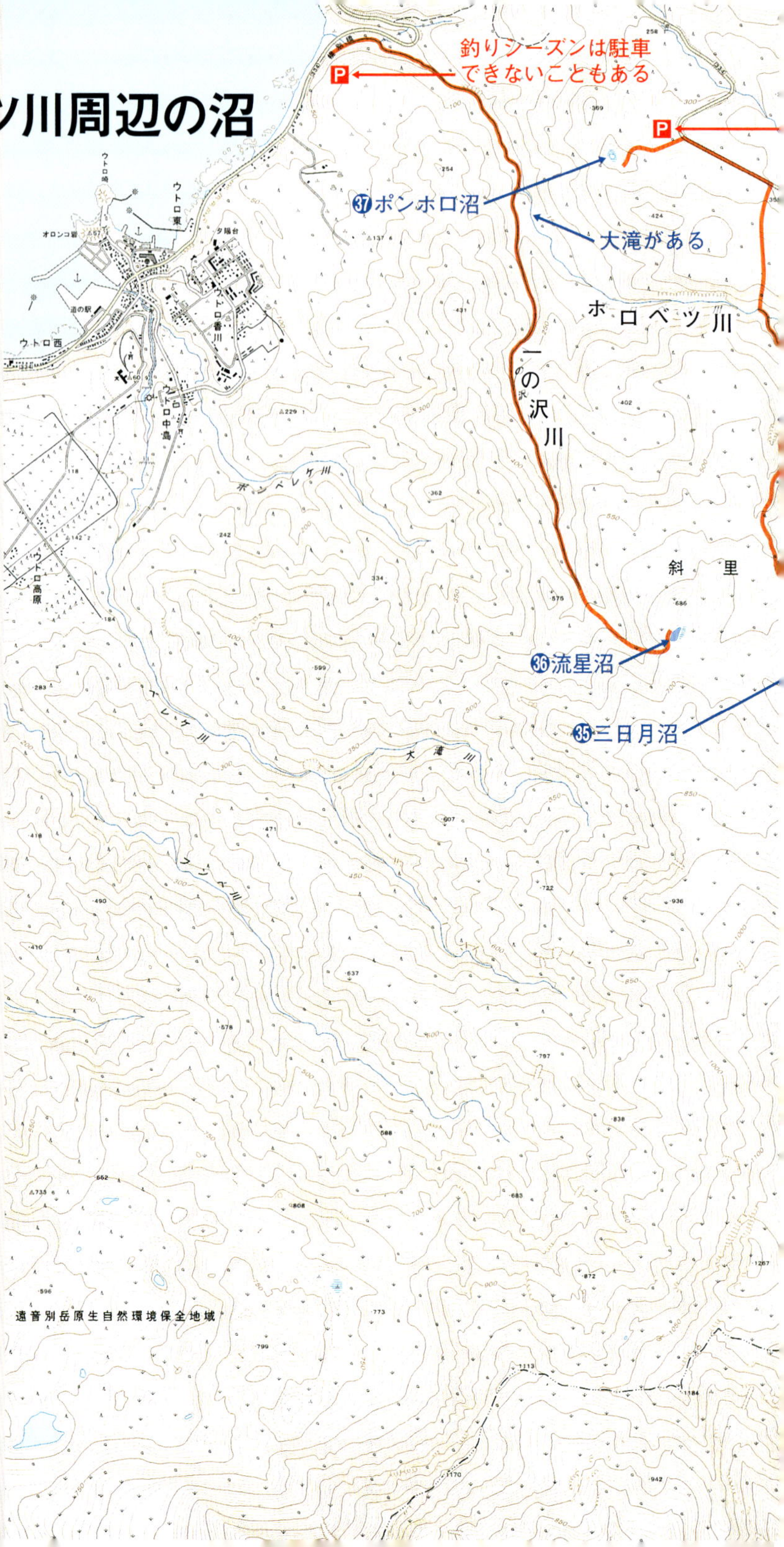
釣りシーズンは駐車
できないこともある
P
P
㊲ポンホロ沼
大滝がある
ホロベツ川
一の沢川
斜
里
㊱流星沼
㉟三日月沼
ウトロ崎
オロンコ岩
ウトロ東
夕陽台
道の駅
ウトロ西
ウトロ香川
ウトロ中島
ウトロ高原
ポンペレケ川
ペレケ川
大滝川
フンベ川
遠音別岳原生自然環境保全地域

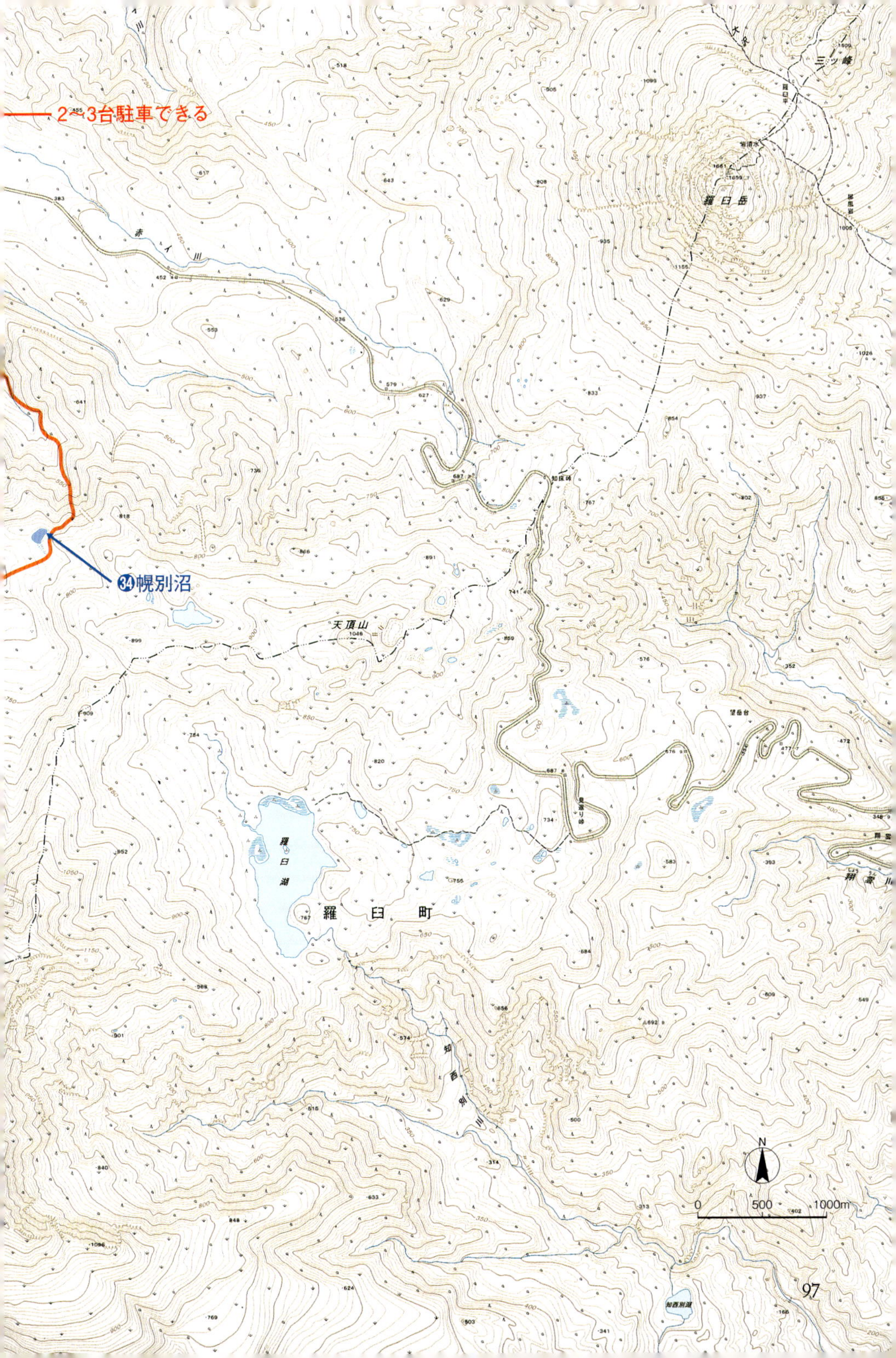

2〜3台駐車できる
㉞幌別沼
赤イ川
三ッ峰
羅臼岳
知床峠
天頂山
望岳台
見返り峠
羅臼湖
羅臼町
知西別川
知西別湖
N
0
500
1000m

幌別沼

Horobetsunuma

㉞

ホロベツ川を遡行する

斜里町ウトロから東南5kmの標高720mにある沼。ホロベツ川源頭の台地上にあるので幌別沼と呼ぶことにする。ホロベツ川に入渓して進むと河原の岩が緑の苔に覆われた所があり、まるで京都の苔庭を歩いているような感じがする。

標高350m二股から狭い左股に入ると函の中に小滝がある。沢の上部は水の流れが無くなり涸滝が現れる。尾根に上がって急斜面の笹薮を登って行くと、やがてダケカンバからハイマツ帯になる。すぐそこに見える沼はハイマツで囲まれていて、休む所を求めて沼の南側までハイマツの中を泳いで行く。

南側はハイマツが切れて小さな湿地になっている。沼に出入りする川は無いが、雪解けや大雨の時は溢れた水がホロベツ川の源頭に流れ、涸滝な

晴れた日には知床連山が水面に映る沼

沼からは知床連山が見えるが薄雲で霞んでいる

ども水が落ちるのであろう。北東方向の沼の上には羅臼岳から硫黄山の知床連山が見える。

今日は残念ながら連山に薄雲がかかりはっきりと見えないが、快晴無風の日なら沼の水面に連山が逆さに映る景色が見られるだろう。

（2008 年 10 月 19 日　訪ねる）

Route

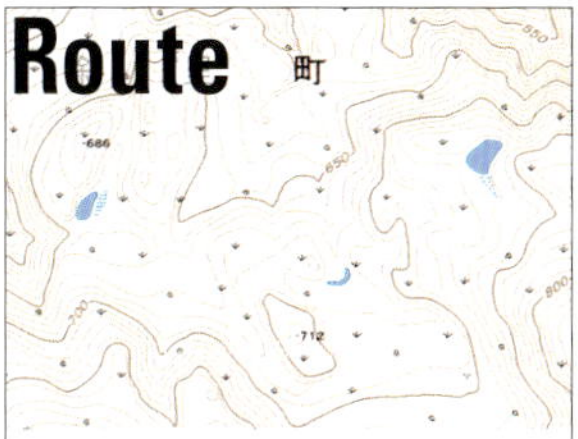

知床横断道路の途中から川に下りるように計画する。ポンホロ沼の入口から 500m 知床峠寄りに車を止める。横断道路から出発して薮を 600m ほど漕ぎ、急斜面を下ってホロベツ川に下りる。川を遡行して行くと、じきに標高 270m 二股となり右股を進む。標高 350m 二股で狭い左股に入る。両岸は狭まり沢の傾斜も急になり、やがて涸滝に突き当たるので右岸の尾根に上がる。尾根はダケカンバと笹薮で歩きにくい。ダケカンバからハイマツになると沼はもうすぐ。登り 3 時間半。

ハイマツに囲まれた沼

三日月沼

Mikazukinuma

35

沼はカーブして先が見えない

斜里町ウトロから東南5kmの標高680mにある沼で、幌別沼からは500mの所にある。沼の形が三日月のように細いので三日月沼と呼ぶことにした。幌別沼から出発すると次に目指す三日月沼が遠くに見える。

沼までハイマツの海が続きうんざりするが、天気が良くて目標が見えているので気が楽である。ハイマツに突入して進んで行くと、所々ダケカンバの林もあるので少し歩きやすい。1時間ほどで沼に着いた。沼は三日月の形でカーブしてるので全体が見えない。沼の縁を歩いて南側へ行ってみる。

なぜこのような三日月形になったのだろう。知床半島には多くの湖沼があるが、殆どは円形か楕円形で、三日月形はこの沼を含めて2つしかなく稀である。蛇行する川が長い間の浸食などにより、途中でくびれたり切られたりして取り残され、三日月の形をした湖となることがあるが、この辺りには川は流れていないので、単純に三日月の形を

ハイマツの海に浮かぶ三日月

した凹地に水が溜まったものだろうか。

（2008 年 10 月 19 日　訪ねる）

細い沼

Route

幌別沼までは同じなのでそちらを参照のこと。幌別沼からほぼ真っ直ぐにハイマツの中を進む。縦に細い沼なので方向が少し外れただけで沼を通り過ぎる心配がある。登り 5 時間。

帰りは沼の南端から北方向に向けて出発する。30 分ほどで細い沢に入ると、沢は涸れていて大岩がゴロゴロしている。下れど下れど大岩が続き、やがて標高 450m の崖マークの所に涸れた大滝が現れる。木に掴まりながら下り、途中で急傾斜になるのでロープを出して通過する。

沢床に下りてからも大岩が続き、疲労を覚えるころ標高 350m 二股に出て一息入れる。ここから先は今朝来たルートである。

周りをハイマツに囲まれた沼

流星沼

Ryuuseinuma

㊱

斜里町ウトロから東南4kmの標高640mにある沼で、チームしこたんを結成して最初に目指した沼である。一の沢川を遡行すると所々に桂の巨木があり、ナメ床に桜の花が風情を添えている。滝も多く、緑の苔で覆われた斜め滝や雪に半分埋もれた滝、30mのナメ滝なども現れて楽しめる。

ただ､時期的に6月3日は少し早すぎたようで、沼は少しだけ水面が出ていたが、ほとんどは雪で覆われていた。沼の背景には羅臼岳から硫黄山の知床連山、天頂山と知西別岳が望まれ、素晴らしい景色が広がっている。

チームしこたん3年計画の半ばで永眠したメンバーの菅原さんが、病床で残る力を振り絞って書いた絶筆の詩がある。「(略) ……ペルセウス座の流星群は僕の涙かもしれない　たまには僕も泣くことがあるからね　流れ星が見えたら　それは僕だと思ってほしいな…… (略)」。菅原さんと皆で

知西別岳方向

少しだけ水面が見える沼

チームしこたん最初の沼で展望が素晴らしい

一の沢川の途中にある二段の滝

最初に来た沼であり、菅原さんを偲んで「流星沼」と呼ぶことにした。

（2007 年 6 月 3 日、2011 年 6 月 26 日　訪ねる）

Route

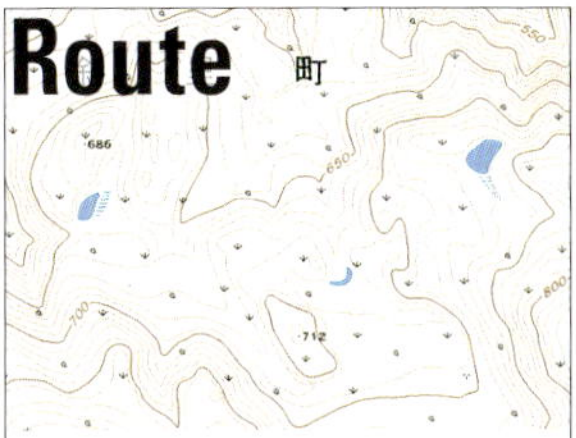

ウトロの幌別を流れるホロベツ川支流の一の沢川を遡行する。ホロベツ川に入渓するとすぐに右岸から 20m の滝が落ちている。しばらく進むと標高 90m 二股がある。

左股に大きな滝があるというので見に行く。川幅いっぱいに落ちる素晴らしい滝で一見の価値がある。二股に戻り、右股の一の沢川を進む。しばらく二股が無いので滝や景色を楽しみながら遡る。

標高 450m 二股で左股に入ると沢は雪で覆われ歩きやすくなる。標高 580m 二股から左股に入り、薮を少し掻き分けると沼に着く。登り 4 時間半。

2011 年 6 月 26 日の沼

ポンホロ沼

Ponhoronuma

37

斜里町ウトロの東方3kmの標高300mにある沼。ポンホロ沼は雪解け水が溜まってできた沼で7月には水が涸れてしまう。5月と6月の2ヵ月しか見る事ができない沼なので「幻の沼」と言われている。

知床横断道路から沼までは道があり、徒歩で20分と簡単に行けるため多くの人に知られるようになってきた。春の新緑の頃には満々と水を湛え、晴れた日には水面に羅臼岳が映って美しい。

エゾアカガエルとエゾサンショウウオが産卵する沼で、雪が融けた春先にはたくさんの卵が水中にある。晩秋は沼の底が露出して一面に広がるヒメシダの草紅葉がきれいだ。春夏秋冬で青緑赤白と4色の色彩を楽しむことができる。

沼から西方向に急斜面を下りると、ホロベツ川の標高100mの所に落差5m、幅10mほどの豪快な滝がある。沼と滝をセットで見るのも楽しめる。

沼の西にあるホロベツ川の滝

水を満々と湛えた春の沼

1年のうち
2ヵ月だけ現れる“幻”の沼

知床峠からの羅臼岳

ただし、沼から滝までは道が無く迷う可能性もあり、帰りに急斜面を登るのがきついので初心者向きではない。　（2007年6月17日と秋に訪ねる）

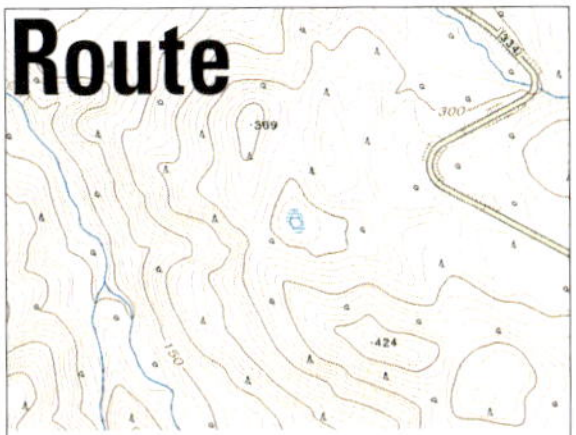

知床自然センターから横断道路を2kmほど行った所のカーブに沼への入口があり、3台駐車できるスペースがある。しかし、入口に看板などは立っていないので通り過ぎないように注意がいる。
入口から細い道が続いており、林の中を進むと沢がある。沢は涸れているが、雨の日が続くと水の流れがあるが問題なく通過できる。
ミズナラなどの広葉樹とトドマツの針葉樹が混在する原生林はクマが出没することもあるので、クマよけの鈴や笛なども必要である。

水が涸れた秋の沼

III
遠音別岳羅臼側周辺の湖沼

遠音別岳

知西別湖周辺の湖沼

㊳知西別湖
大きい滝
㊴精神沼
知西別川
㊵八木沼
右股に滝
知昭町
知西別橋
八木浜町
精神川
麻布町
精神橋
春日町
春苅古丹橋
N
0
500
1000m

知西別湖

Chinishibetsuko

38

標高 150m にある滝で
湖へ行くにはここを登る

知西別湖は羅臼町知昭町の北西 3.5km に位置し、羅臼湖から流れ出る知西別川右岸の標高 220m にある。湖には南側から小さな川が流入し、湖から流れ出た川は滝となって知西別川に落ちている。

昔、地元の釣りマニアがニジマスを湖に放流し、大きく育ったニジマスが釣れるとの事で、釣りマニアの間では知られていたようだ。釣りに行って来た知人の話も聞いたが、ゴムボートを背負って沢を遡行し、滝を登って湖に行くのは大変だったと話していた。ニジマスは現在は放流されていないらしく、大きな型は釣れないのかもしれない。

今でも釣り人は入っているようで、南側の湖畔にはキャンプをした跡があり、焚き火の跡と肉や魚などを焼いた金網なども残っていた。水中には泥が堆積し、湖の中には葦が生えていて湖というより沼の感じがする。

昔は釣れた 大きなニジマス

南側から見た湖

水中で何かが動いているかのように、水面のあちこちで小さな輪の波紋ができる。ニジマスだろうか？　しばし休憩後、知西別湖から小さな川を遡り、次に目指す沼へ出発する。

（2007 年 7 月 15 日　訪ねる）

Route

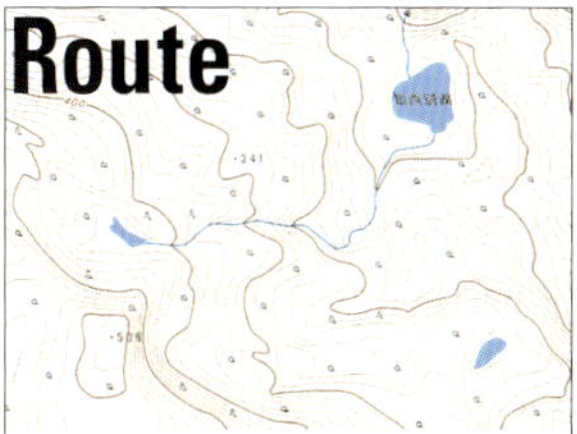

羅臼町の知西別川河口から左折して道路終点に車を止める。林道を少し歩いて知西別川に下りる。すぐに砂防ダムがあり、左岸を登ると林道がダムまで通じていた。
1km ほど沢を進むと再び砂防ダムがある。やがて沢は函状になり、水深が深くて進めそうもない所があり、右岸を簡単に高巻きする。標高 150m の右岸に知西別湖からの流れが滝となって落ちている。滝の左側を登り、途中で滝を横切って滝の上に上がる。水の流れは細くなり、やがて川底に泥が堆積してくると湖に着く。登り 2 時間。

北側から見た湖

精神沼

Syoujinnuma

39

1275m 峰とペレケ山が望める

羅臼町八木浜町の北西4.2kmに位置し、知西別湖からは1km離れた標高410mにある沼。以前、知西別湖から小さな川を遡行してこの沼を目指したことがあった。地形図では知西別湖と精神沼は川で繋がっているように記載されているが、途中で川の流れが消えてしまい、霧のため視界も効かず沼に行くことができなかった。知西別川は羅臼湖まで遡行したことがあるが、今まで精神川を遡行したことがないので、沼へのリベンジは精神川を遡行する計画を立てた。

精神川はナメ床や滝も多く、台地に上がってからも景色が良いので楽しみながら沼に着くことができた。細長い沼の西側は湿地でミズゴケが一面に広がっている。秋の湿地は黄金色に染まり、緑色をした沼とでとても美しい。

沼からは北西の方角に1275m峰とペレケ山が見える。この山々が見える沼はここだけである。

晴天無風の沼

沼に入る川は無く、沼からは細い川が流れ出ているが途中で伏流しているようだ。

(2009年10月25日　訪ねる)

330m二股　二段の滝

Route

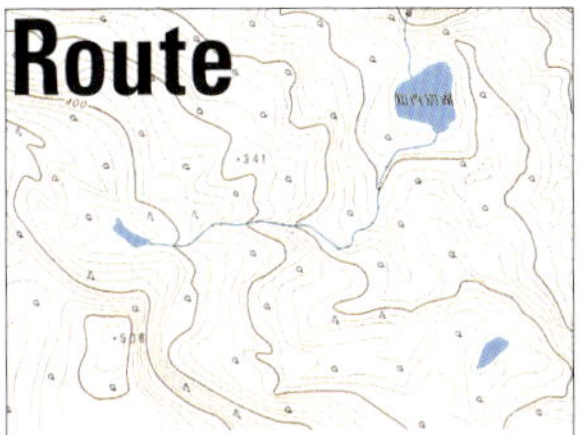

精神川の右岸に林道があり、最終ダムの近くまで車で入ることができた。1時間半で標高330m二股に着いた。右股の立派な二段の滝を慎重に越える。沢はだんだん狭くなり、馬蹄形の沢の八方から10本の滝が落ちている。
最後の三段の滝を越え、台地に上がり深い笹薮を直進すると湿地があり、遠音別岳や知西別岳、ラサウヌプリの展望が良い。やがて標高470mのコルに上がると眼下に緑色の沼が見える。コルから標高差60mの急斜面を下り、笹薮を掻き分けて行くと沼に着く。登り3時間20分。

黄金色に染まる湿地

八木沼

Yaginuma

40

沼の上の樹間から羅臼岳と知西別湖を望む

南西の沼端から見る

クマの足跡から
ゆらゆらと漂う水煙

北側から見る

羅臼町八木浜町の北西3kmの位置にあり、知西別湖からは北に750m離れた標高320mにある。この沼へは簡単に行けなかった。1回目は知西別湖経由で目指したが濃い霧で視界が無く敗退。2回目は沢ルートで行ったが、密生した笹薮の中にぽっかりと楕円形の沼の形をした原っぱがあり、てっきり水が涸れた沼の跡だろうと思いこんだ。

しかし、後日、グーグルアース（地球の衛星画像）で間違いなく沼が存在することが分かり、3回目の計画を立てた。計画通り沼の東側に着き、岸の薮の中を南西端まで行くと、沼の水中の泥にはっきりとした小さなクマの足跡が残っていた。足跡からゆらゆらと水煙が漂っていて、ついさっき子グマがここを通過したようだ。親グマがいるかもしれないと皆で声を出し笛を吹き鳴らす。

沼の上の樹林を進み北側に行く。北側の樹間から遠くに羅臼岳と眼下に知西別湖が眺められた。沼に入る川は無いが沼の北端から流れ出た跡がある。雪解けや大雨で溢れた沼の水が斜面を流れ、知西別川に注いでいるのだろう。

（2010年10月24日　訪ねる）

Route

知西別川の標高30mに小さな沢があるのでルートとした。車を空き地に止め、幅広く流れる知西別川の浅い所を徒渉して小さな沢の出合いに入る。
進んで行くと川の倒木にタモギキノコが生えていたので、帰りに採ろうと思いながら通過する。奥まで進むと蛇行する川に笹薮が被って歩きにくい。沢型が不明瞭になる標高170mで沼の方向に向かっている南東の尾根に取り付く。尾根も笹が密生して急斜面を登るのが辛い。遠くに羅臼岳が見える。やがて尾根は傾斜がなくなり歩きやすくなった。だんだん針葉樹が多くなり沼が近いのを予感すると、じきに沼の東側に着いた。登り２時間半。帰りに採るつもりの倒木のキノコはクマに食べられて無かった。残念。

遠音別岳羅臼側周辺の沼

41ポン春苅沼
ポン春苅古丹川
林道
松法町
知昭町
麻布町
春日町
N
0
500
1000m

ポン春苅沼

Ponsyunkarinuma

41

西の方角に 634.5m 峰
（点名・奔春苅奥）が見える

羅臼町を流れるポン春苅古丹川の標高 400m 左岸にある沼。ポン春苅古丹川は春苅古丹川の隣を流れる川で、ポンは「小さい」とか「子の」という意味である。アイヌは二つ並んで流れる川を親子連れと考えるので、春苅古丹川を親の川とし、すぐ隣を流れる川を「子（ポン）の春苅古丹川」と呼んだ。

沼に着くと周囲の湿地は秋色に染まり、水面に白い雲を映している。沼の周囲を歩いてみると、沼からけっこうな水量の川が流れ出ている。沼には川が流入しているような所は見当たらないが、泉が湧き出ているのだろうか。帰りはこの川を下ってみることにした。下るにつれ川は斜面を流れて滝になっている。滝を慎重に下りて行くと、流れの末端はポン春苅古丹川に注いでいた。

この滝があるのは行く時に気付いていたが、流れが果たして沼に繋がっているのかどうか疑問だった。結果的に沼に行くのには、この滝を登る

沼から川が流れ 滝となって落ちる

東方向を見る

と早いことが分かった。川に戻り、次に予定していた西にある 634.5m 峰（三角点・奔春苅奥ポンシュンカリオク）に登ってから帰路についた。

（2008 年 9 月 28 日　訪ねる）

Route

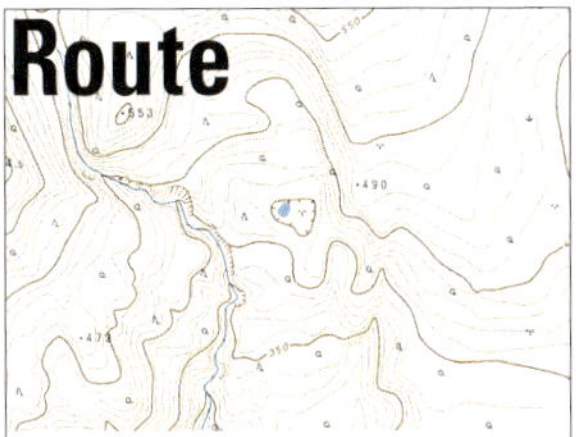

春苅古丹川に沿った林道を奥まで走り、標高点 258m の所で駐車する。
深い笹薮の中を 600m ほど進み、急斜面を下って小川に下り立つ。小川を 15 分ほど下って行くと本流に出合う。本流は滝もナメもない沢で、標高 380m で左岸が黄色い土の崖になっている。崖と崖の間にある木の生えた狭い尾根が沼へのルートと考え、急斜面の尾根を木に掴まりながら登り尾根の上に出る。目指す沼の方には平らな笹薮が広がっている。笹薮を漕いで進むと沼に着いた。登り２時間半。

沼の全景

春苅沼

Syunkarinuma

㊷

　羅臼町を流れる春苅古丹川の左岸標高 510m にある沼。かって遠音別岳南東斜面で起きた大規模な地滑りは最大幅 1.6km で、南東方向へ約 4.5km にわたっている。地形解析から 4 回の大規模な地滑りを起こしたといわれている。春苅古丹川と春花川の付近に点在する多くの湖沼は、地滑りでできた凹地に水が溜まって形成された。春苅沼もその内の一つと思われる。

　春苅古丹（しゅんかりこたん）の語源はアイヌ語の「シュム・カル・コタン」で、「油・取る・村」の意味である。現在の羅臼・春日（かすが）町集落の南側を流れる川が春苅古丹川で、北海道の名付け親で探検家・松浦武四郎の「志礼登古（しれとこ）日誌」には「シュムカルコタン、ここには昔より鱒の漁場があり、鱒から油を取るのでこの名がある」と書いている。春日町には川の近くに鮭鱒の孵化場の建物があり、今でも川には多くの

クマの足跡

遠音別岳の崖の様子が見える

遠音別岳の全景と地滑りでできた崖の全容

春苅古丹川

水の中を歩いて移動

春苅沼

Syunkarinuma

㊷

「うわー、凄い！」

振り返ると遠音別岳が

鮭鱒が溯上している。シュムカルコタンは春日町という名に変わったが、川に名前が残っている。

春苅古丹川を遡行し、標高差60mの斜面を登って沼の西側に着いた。西側から見る沼は思ったより細長い。沼の周囲は樹林とハイマツやブッシュで覆われているため展望も効かず、水中を歩いて北東側へ移動する。北東の沼端に着き、後ろを振り返って驚いた。「うわー、凄い！」思わず皆で歓声を上げる。遠音別岳の全景が見える。地滑りでできた崖の全容が見える。素晴らしい景色である。遠音別岳が見える沼は斜里側で4ヵ所、羅臼側で2ヵ所あるが、ここからの景色は絶景である。沼には休める浜が無いので、水中に佇んだまま遠音別岳を眺めていた。

(2007年9月30日　訪ねる)

Route

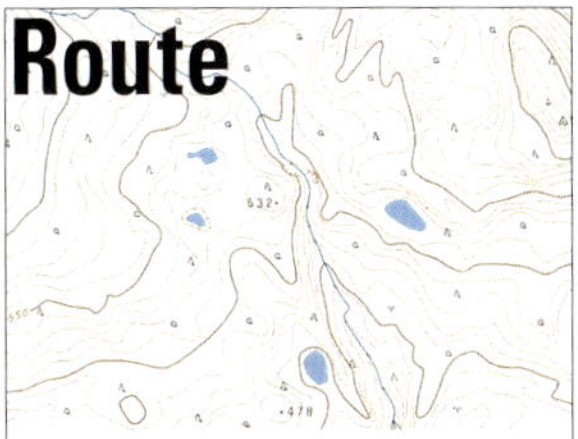

羅臼町春日町から春苅古丹川に沿う林道に入る。緑栄橋へ行く林道の二股を右に行くと、じきに川に下りる道があり橋の手前の広場に駐車する。春苅古丹川に入渓し、何度か川を徒渉しながら約1時間で標高240m二股に着く。

休憩後、二股から右股の本流を進む。しばらく行くと右岸の沢から二段のナメ滝が落ちている。先へ進むと両岸は狭まり、右岸に崩れている崖がある。本流には滝や難所は無く、240m二股から約2km進んで、目指す沼方向に向けて左岸の斜面を登る。登り3時間。

西側から見る細長い沼

春苅下の沼

Syunkarishitanonuma

43

羅臼町を流れる春苅古丹川の右岸標高440mにある沼。右岸には三つの沼が縦に並んでいる。今回は三つの沼を下から順に訪ねることにした。

沼に着く前は曇り空だったが、沼に着くと急に雲間から陽が射して水の色がグリーンに輝やき、みるみる間に沼は美しい色を取り戻す。北方向には955m峰が黒く見えている。沼には浜が無く、休む所を求め沼の東側を腰まで水に浸かって対岸に向かう。

水が非常に冷たくて足がしびれてくる。メンバーの「うわー、冷たい」と言う声が沼に響く。雪解け水なら分かるが秋の時期でなぜこんなに冷たいのだろうか。冷たさに我慢できずに途中で沼から上がるが、林の中はひどい薮で歩きにくい。薮に苦戦しながら北側の岸に着くと細い川が流入している。川の水に触ると非常に冷たくて手が切れそうだ。沼の水が冷たいのは川の水が冷たいか

腰まで水に浸かって対岸に向かう

陽が射して水面がグリーンに光る

陽の光で輝きを増す 水のグリーン

北方向に 955m 峰が見える

北側には冷たい川が
流入している

暗くてぶきみな感じの沼

Route

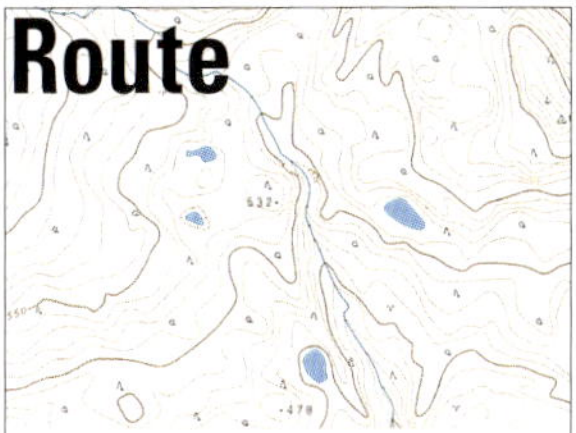

春苅古丹川の標高 240m 二股から、右股の本流をしばらく進むと標高 320m で右岸から細い川が流入している。この川を遡ると目指す沼に行くような気もするが、地形図を見ると途中から沢が広がっているので、この川に入るのを止める。
そのまま本流を進むとじきに両岸が狭まって崖になる。右岸の崖の急斜面を登って尾根に上がる。崖に沿う尾根の上をしばらく進み、地形図を見ながら沼の手前辺りで沢に下りてみる。狭い沢には水の流れがあり、流れを進んで行くとやがて目の前が開けて沼が現れた。登り２時間半。

らだった。

来た方向を振り返って見ると、先ほど陽が当たっていた沼はすっかり陽が陰り、樹林が黒く水面に映り暗くてぶきみな感じがする。光の具合で沼はこんなにも変化するものだ。川を遡行して中の沼に向かう。　　（2009 年 9 月 20 日　訪ねる）

春苅中の沼

Syunkarinakanonuma

44

沼に来る途中の川

羅臼町を流れる春苅古丹川の右岸標高520mにある沼。下の沼と中の沼は500m離れているが、下の沼から川を遡行して順調に中の沼に着くことができた。

沼の水は澄んでいて、水中にはたくさんのバイカモソウが生えている。初夏には水中に白い可憐な花が咲くのだろう。目を凝らして見ると、バイカモソウの間をたくさんの魚が泳いでいる。オショロコマだろうか、ヤマメだろうか。今まで知床半島の多くの沼を訪ねたが、釣りマニアが魚を放流した湖はあるが自然に魚が泳ぐ沼は唯一ここだけと思われ、非常に貴重な沼である。

この沼なら人が来ることはないので、魚も釣られることはない。沼の北東側は小さな湿地になっている。薄いグリーンのミズゴケの絨毯の中には盆栽のようなエゾマツが生えていて、まるで庭園の中を歩いているようだ。沼の北西側には細い川

澄んだ水の中を泳ぐ魚の群れ

が流入している。この川を遡行して上の沼を目指すため、沼と魚に別れを告げた。

（2009 年 9 月 20 日　訪ねる）

バイカモソウが生えていて魚が泳ぐ

Route

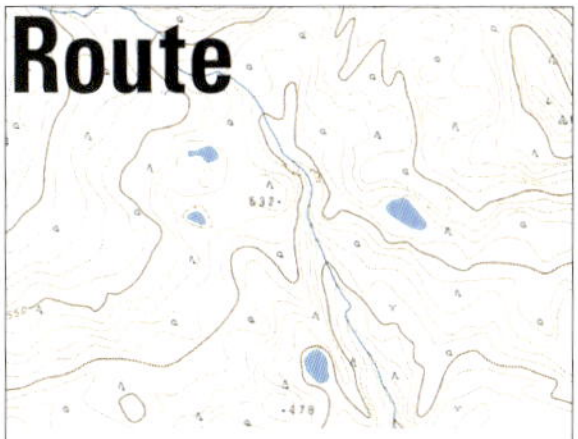

春苅古丹川の標高 240m 二股から右股の本流を遡行する。最初に標高 440m にある春苅下の沼に行き、下の沼から川を遡行して中の沼を目指す。両方の沼は川で繋がっているので、川を辿ると沼に着くことができる。下の沼と中の沼は標高差が 80m あり、川は苔むした石の斜面を滝のように流れている。川には所々、倒木が塞いでいる所があり、その下を潜ったり横の薮を越えたりするが難所は無い。しばらく進むと川の底に茶色い泥が溜まった所があり、沼が近くなったのが分かる。登り 3 時間 10 分。

中の沼の全景

春苅上の沼

Syunkariuenonuma

㊺

955m 峰を近くに望む神秘な沼

羅臼町を流れる春苅古丹川の右岸標高 530m にある沼。中の沼と上の沼は川で繋がっていると思われ、距離は 180m 程しかないので短時間で着くはずである。

中の沼を出発して川を遡行していると方向が違うように感じる。それでも川を辿って行くと小さな湿地がある。川は湿地の中で消えていて、沼と沼は川で繋がっていないのが分かる。川を戻り、見当をつけて沼方向に薮をしばらく漕ぐが沼が見当たらない。

皆で探す内に、先頭から「沼があったぞ～」の声が聞こえる。沼は先ほど出発した中の沼に似ていて、間違って中の沼に戻ったのではないかと一瞬思う。しかし、北方向にある 955m 峰が近くに大きく見えるので、上の沼に間違いないことを確信する。

エゾマツの樹林に囲まれた沼は開けて明るく、

955m 峰が近くに見える

エゾマツ樹林に囲まれた沼

水面に樹林の緑が映る

静かな水面に樹林の緑が映る。畔の湿地は秋色に染まり、水面の色とのグラデーションが美しい。しばし、湿地に座って沼の景色を味わい、三つの沼を探し当てた感激に浸る。

(2009 年 9 月 20 日　訪ねる)

Route

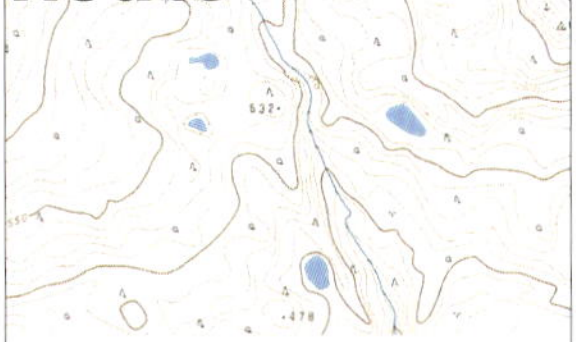

春苅古丹川の標高 240m 二股から右股本流を遡行し、最初に下の沼に行く。下の沼から川を遡行して中の沼に着く。中の沼から川を遡行したが上の沼には繋がっていないことが分かったので、中の沼と上の沼の中間にある小さな丘を越えて、上の沼に下りた方が早いと思われる。上の沼からの帰りは東方向にコンパスを定め、薮を漕いで春苅古丹川本流に下りる。あとはそのまま本流を下ると標高 240m 二股に着くので、上の沼～中の沼～下の沼を通って帰るよりも時間的に短縮できる。登り 4 時間。

秋色に染まる湿地

まがたま沼

Magatamanuma

46

羅臼町を流れる春苅古丹川は標高240mで二股になり、左股支流の春花川の標高450m左岸に位置する沼。沼の形が勾玉に似ているので「まがたま沼」と呼んでいる。沼は南北に細長く、南側は広い砂浜になっている。

砂浜からの展望は絶景である。北側に遠音別岳の全貌が見えて歓声を上げる。沼は広々として明るく、静かな水面に遠音別岳が逆さに映る。知床半島に数ある沼の中でも、ここから見る景色は素晴らしい。

砂浜にはクマの大小の足跡が無数にあり、クマの親子もこの雄大な景色を見ながら散策しているのだろうか。キタキツネが何か獲物をくわえて歩いて来る。獲物はネズミより大きな動物に見える。いったん藪の中に消えて、獲物をどこかに隠してきたようだ。再び現れ、湖畔の木の下に座り、我々

南側の砂浜

広々とした明るい
水面に映る遠音別岳

の様子をしきりに見ている。クマも我々が立ち去るまで、どこかで見ているのかもしれない。

いつか紅葉時期に砂浜にテントを張り、ビールを飲みながら夕焼けに染まる遠音別岳と沼を眺めてみたい。　　（2007年8月26日　訪ねる）

水面に遠音別岳が映る

Route

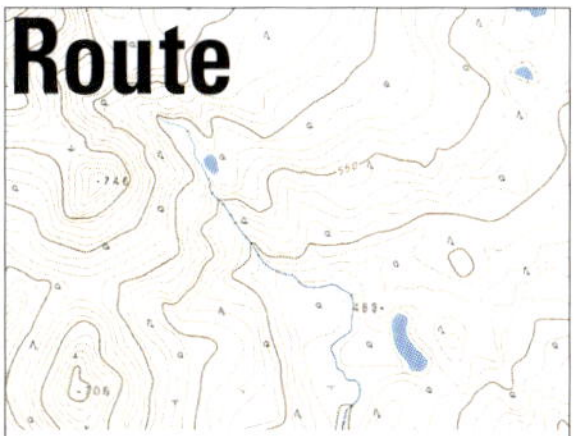

羅臼町春日町から春苅古丹川に沿う林道に入り、緑栄橋手前の林道分岐から右の林道を行き、少し進むと川に下りる道がある。川には橋が架けられているが通行止めになっているので、広場に駐車する。
春苅古丹川を遡行して1時間で標高240m二股に着く。左股の春花川を進み、しばらく行くと左岸の480mの小山を回りこむように川がカーブする辺りに鹿道が見えている。この道が沼に通じているのだろうと判断する。思った通り鹿道は沼まで続いていた。登り3時間。

沼の全景

しこたん沼

Shikotannuma

47

新発見、
地形図にはない沼

遠音別岳の頂上部を望む

沼の端から流れは出ていない

すぐ近くに 746m 峰が見える

遠音別岳の南東2.4kmの標高580mにある沼で、地形図には記載されていない新発見の沼。最初からこの沼を目指して行ったのではなく、この沼から 1km 奥にある沼に行った時に、帰りのルートを少し変えて下って来て偶然発見した。

最初、林の中から遠くに見えた時には春花川の流れだと思ったのだが、近くに来てから沼だと分かった。沼は縦 100m、横 30m ほどで、雪解けの時期だけ一時的にできた沼ではない。水深はそれほど深くはないようだが、10 月初旬にこれだけの水が溜まっているので 1 年中涸れることが無いと思われる。沼には入る川も出る川もない。尾根から少し下りた所の明るく開けた場所にあり、北西方向に遠音別岳の頂上部と西側には 746m 峰が望める。沼から少し下がった西側を春花川が流れている。

なぜ国土地理院の地形図に記載されていないのか不思議である。我々チームしこたんが発見した沼なので「しこたん沼」と名付ける。いつか地形図に記載されるのを期待している。

（2009 年 10 月 4 日　訪ねる）

Route

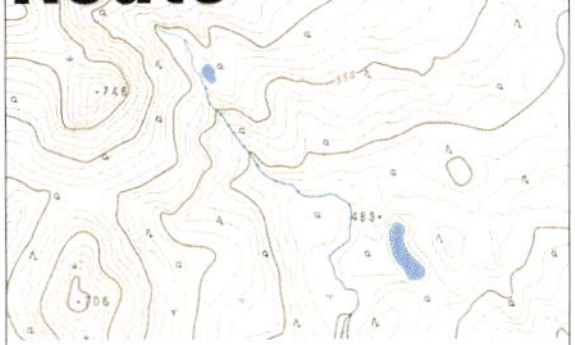

羅臼町春日町から春苅古丹川に沿う林道に入る。林道は緑栄橋の手前で二股になるので右を進む。じきに林道から川に下りる道があり、橋の前にある広場に駐車する。
春苅古丹川に入渓し、1 時間で標高 240m 二股に着く。左股支流の春花川に入り、滝もナメ床も無い川を進むと標高 450m で沢が開け湿原に出る。湿原には 3 本の細い川が流入している。3 本の川の内の真ん中の川を選ぶのが分かりやすいが、地形図では標高 490m 二股から右股の川に入る。川をそのまま遡行しても沼には行かないので、標高 580m の手前辺りで左岸の尾根に上がるのがよいと思う。登り 3 時間半～ 4 時間くらい。

滝の沼

Takinonuma

48

70m 級の大滝が
流入する秘境沼

最奥の小さな沼

西側の斜面と沼

沼に滝が流れ落ちる
（写真では滝の大きさが伝わらない）

遠音別岳の頂上から南東1.4kmの標高720mにある沼。かつて、遠音別岳の南東側斜面で巨大な地滑りが起こり、地滑り跡地には多くの沼ができた。その中でもこの沼は最も奥にある秘境の沼である。昨年7月に1度沼を目指したが時間切れで途中撤退したことがある。撤退した場所からは沼が見えて、ゴーという大きな音が周囲に響いていたが、その音が何の音なのか分からずに帰って来た。

それから1年を過ぎてリベンジするため再び春花川を遡行する。川の流れが無くなってから延々と薮の中を進む。曲がりくねったダケカンバと岩の間を潜り苦戦する。突然、遠くからゴーという音がする。音のする方向へ薮を漕いで進むと木の間から白い滝が見える。懸命に薮を漕ぎ、遂に待望の沼に着いた。

北側の斜面から滝が滑り落ちて沼に流入している。滝の落差は70mほどだろうか。秋のこの時期でも滝の水量は多く、沼を一周しても流れ出ている川が無いのが不思議だ。知床半島には多くの沼があるが、沼に滝が直接流れ落ちているのは珍しいので「滝の沼」と呼ぶことにした。

（2009年10月4日　訪ねる）

Route

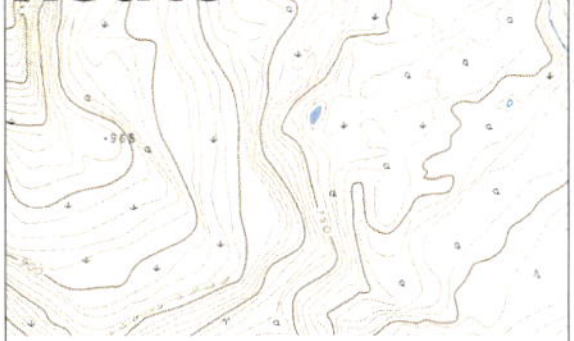

羅臼町春日町を流れる春苅古丹川の支流である春花川を遡る。春苅古丹川に沿う林道を走り、林道途中に車を止め、急斜面を20分下って春苅古丹川に入渓する。入渓から30分で標高240mの二股に着く。左股の春花川に入ると沢は狭くなり、しばらく進むと右岸に崖が続く辺りから岩が大きくなる。
標高450mを過ぎると湿原に川が3本流入しているので、右側の川に入る。川を遡って行くとやがて水の流れが無くなる。覚悟して尾根の薮に突入して進み、1時間ほどで小さな丘に上がる。丘から不明瞭な沢形に入り、コンパスを定めて沼まで薮を漕ぐ。登り5時間。

IV
遠音別岳斜里側・ラサウヌプリ・海別岳周辺の湖沼

ラサウヌプリ

遠音別岳斜里側周辺の湖沼

N
0
500
1000m
オシンコシン崎
オシンコシンの滝
チャラッセナイ川
オペケプ川
チャラッセナイ林道
斜里町
林道を30分歩く
三角点
「御辺渓布」
㊾チャラッセナイ湖
㊿オペケプ沼
51エゾマツ沼
52展望沼
100mの滝
53明美沼
遠音別岳原生自然環境保全地域
55ポンオンネトー
54遠音別湖
遠音別岳
ウトロ西
ウトロ東
ウトロ香川
ウトロ中島
ウトロ高原
道の駅
オロンコ岩
夕陽台
チャシコツ崎
弁財崎
ポンペレケ川
ペレケ川

チャラッセナイ湖

Charassenaiko

49

緑色をした湖

斜里町の観光名所「オシンコシンの滝」の南東4.2kmの標高480mにある湖。湖の東には三角点「御辺渓布（おぺけぷ）」が埋設された標高734mの山があり、地形的に734m峰の旧噴火口に水が溜まったと思われる。湖畔には噴火で飛ばされたような岩が点在している。水深は浅く、雪解けの頃は増

四季折々の美しさを見せる穴場

水量が減った夏の湖

水して湖畔の浜を歩くことも困難だが、雨の少ない年の晩秋になると干上がって赤い土底が現れる。前にこの付近の湖が大きな地震で湖底が割れ、水が無くなっていたという話があり、どこの湖だろうかと聞かれたことがあった。この湖は晩秋には水が無くなるので、この湖の事だろうと思って

Route

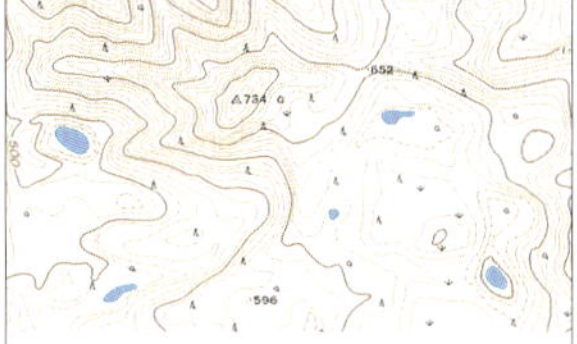

斜里からウトロに向かう国道からオペケプ林道に入り、チャラッセナイ川に沿うチャラッセナイ林道に入る。林道途中の駐車スペースに車を止めて出発する。チャラッセナイ川の清流を見ながら林道を30分ほど歩くと細い川を渡る所があり、そこから林道を離れて川に沿って薮の斜面を進む。やがて三段のナメ滝を過ぎると沢形が不明瞭になる。薮の緩斜面を登って行くと親子岩があり、その岩の間を行くと湖の外輪に出る。湖を眼下に見ながら外輪の斜面を下りるとじきに着く。登り1時間。

水を満々と湛えた春の湖

チャラッセナイ湖

Charassenaiko

㊾

遠音別岳が水面に映る

湖の全景

いるが、地震で底が割れたという話は信じがたい。

今まで何度も訪ねているが、まだそんなに知られているわけではなく、隠れた穴場だと思っている。晴れて風が無い日は湖面に遠音別岳が映ってとても美しい。この湖には経験者なら林道の駐車地点から１時間ほどで来ることができ、湖だけを見て帰るのは時間的に早いので、734m 峰の登山と組み合わせると楽しめる。湖から水が流れていない東の沢を登り、途中から尾根に上がり、最後はハイマツを少し掻き分けると、湖から１時間半で頂上に立つことができる。

湖畔にある岩

湖に来る途中にある親子岩

晩秋には水が涸れて土底が現れる

オペケプ沼

Opekepunuma

50

734m 峰の下に在り
岸にはサンショウウオの卵

遠音別岳から北北西 4km の標高 610m にある沼。三角点「御辺渓布（おぺけぷ）」が頂上に埋設されている 734m 峰の近くにある沼なので、オペケプ沼と呼ぶことにした。チャラッセナイ湖で休憩してから東の沢に入る。

標高差 250m の斜面をチャラッセナイ湖を振り返り眺めながら登る。沢から尾根に登り、ハイマツを少し掻き分けて進むと 734m 峰の頂上に着いた。頂上からは正面に大きな遠音別岳と、遠くにラサウヌプリやラサウの牙も見える。景色を眺めていると、遠くからゴーゴーという音が聞こえる。滝の音だろうか？

休憩後、オペケプ沼に向かって斜面を下る。樹林の平地はまだ雪渓が残っていて歩きやすく、クマ除けの笛を吹き、声を出しながら 20 分で沼に到着。

沼は明るく開けていて、新緑に囲まれた沼の東

雪解け水を湛える沼

沼の西端から見る 800m の山

沼に映る新緑が美しい

側には800mの円い山がある。雪解け水を湛えた沼の岸辺にはサンショウウオの卵がたくさんあった。さっき登った734m峰を背景に沼の写真を撮ろうとしたが、樹林に邪魔されて叶わなかった。

（2007年6月10日　訪ねる）

Route

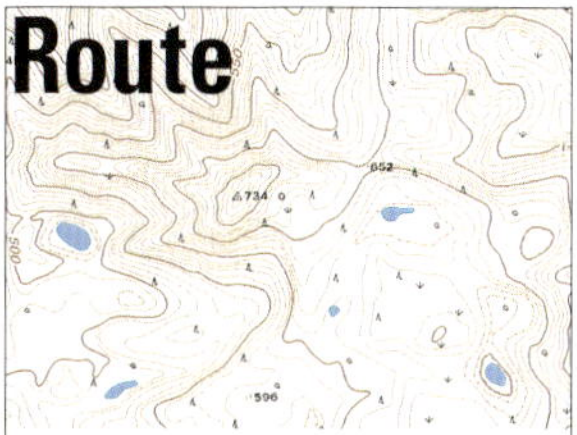

チャラッセナイ湖～734m峰を経由してこの沼を目指すことにした。チャラッセナイ湖までは同じルートなので、そちらを参照のこと。チャラッセナイ湖から東の涸れた沢を登り、途中から尾根に上がってハイマツを少し漕ぐと734m峰の頂上である。湖から頂上までは1時間半。734m峰の頂上からオペケプ沼にコンパスを定め、薮の斜面を下ると沼に着く。林道車止めから沼まで2時間40分（頂上での休憩は含まず）。オペケプ沼からは滝を探し、展望沼～エゾマツ沼～明美沼を巡って帰った。

岸にはまた雪渓が残る

エゾマツ沼

Ezomatsunuma

51

エゾマツで囲まれた沼

エゾマツで囲まれ
クマが遊ぶ沼

雪面にクマの爪がはっきりと

734m峰がすぐ近くに見える

遠音別岳から北西3kmの標高610mにある小さな沼。展望沼からエゾマツ沼を目指して出発すると、歩きやすい沢の雪渓にクマの足跡がある。雪面にはっきりと爪の跡が食い込んでいて、雪の状態からそれほど時間が経っていないと思われる。皆で笛を吹き声を出して進む。クマは少し離れた木や薮の陰で我々が通り過ぎるのを待っているのかもしれない。展望沼からエゾマツ沼までは500mの距離なので、クマに聞こえるように大きな声で話しながら歩いている内に沼に着いた。

沼は背の高いエゾマツで囲まれているため日当たりが悪いのか、沼の1/3位は雪渓で覆われていた。沼から近くにある734m峰が見えるのではと期待していたが、エゾマツの樹林に遮られて見ることができない。次の沼を目指して出発し、沼から西の急斜面を下りようとしたら、樹林が切れて734m峰がすぐ近くに大きく見えた。ここから見る734m峰は三角形の姿で、2時間半前にその頂上にいたのに今は下から見上げている。

（2007年6月10日　訪ねる）

Route

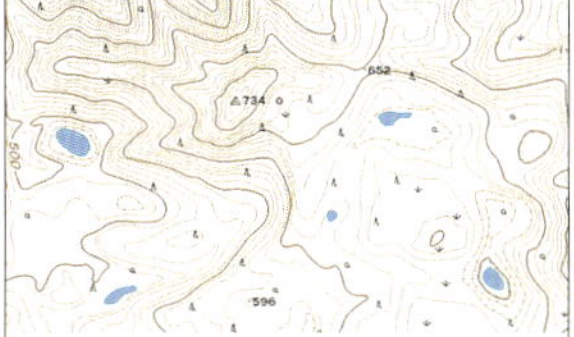

今回はチャラッセナイ林道車止め～チャラッセナイ湖～734m峰～オペケプ沼～展望沼を経由して4時間半かかったが、最初からこの沼を目指すなら2時間ほどで来ることができるだろう。知床はどこでもそうだが、遠音別岳の周囲もクマの棲息地であり、クマ対策としてクマスプレーを携帯し、鈴を鳴らし、笛を吹き、声を出して歩くのが基本である。人間が来ていることをクマに知らせることが大事で、これでクマとの遭遇を高い確率で減らすことができる。

展望沼

Tenbounuma

52

遠音別岳から北北西2.4kmの標高600mにある沼で、地形図では二つの凹地がくっついた瓢箪の形になっている。瓢箪の南側の凹地は水がある沼のマークとなっているが、北側の凹地は水のマークが入っていない。

オペケプ沼から次にこの沼を目指して出発すると、ゴーゴーという音が近くなってきた。水が無いはずの北側の凹地には川が流入していて、その流れの縁を登って行くと斜面の中腹から大量の水が噴き出し、100mの滝となって落ちている。地形図に載っていない滝なので今時期だけの幻の滝かもしれない。北側の凹地には滝の水が溜まり浅い沼になっていて、沼から溢れ出た水が展望沼に流入している。

展望沼に着くと水の色が藍色をしていて綺麗だ。岸の水中には白い岩が沢山ある。昨年、遠音別岳の頂上から撮った沼の写真に、沼の畔が真っ

北側の凹地に水が溜まっている

遠音別岳の展望が素晴らしい

100mの滝と遠音別岳の展望

白に写っていたのは、この白い岩なのかもしれない。沼が増水しているため沼を一周するのは無理なので、岸の岩の上で休憩する。正面に遠音別岳の雄姿が眺められ、その手前にある台地の新緑と沼の藍色が美しい。まさに展望の沼である。

（2007年6月10日　訪ねる）

北側凹地苔《こけ》の湿地

水の色が藍色で綺麗

北側の凹地に流入する100mの滝

Route

チャラッセナイ林道～チャラッセナイ湖～734m峰～オペケプ沼の経由で展望沼を目指した。オペケプ沼までのルートは同じである。オペケプ沼から瓢箪形の北側の凹地までは380mしか離れていないので、コンパスを定めて進むと容易である。北側の凹地から展望沼へは川の流れを辿ると直ぐである。100mの滝と北側の凹地に溜まった水は雪解け時期だけの現象かもしれず、晩秋にもう一度訪ねて確かめてみたいと思う。地形図を見るとこの周囲には他にも凹地があり、雪解け水が溜まって期間限定の幻の沼となっているのかもしれない。林道車止めから展望沼までは3時間20分。

明美沼

Akeminuma

53

遠音別岳から北西 3.4km の標高 500m にある沼で、20 年前の国土地理院の地形図には沼ではなく凹地として記載されているが、新しい地形図には沼として記載されている。エゾマツ沼から出発すると間もなく、遠くの樹林の中に青い沼が見える。エゾマツ沼からは 700m 離れているが、急な斜面を平らな沢に下りて西に進むと沼の東端に着いた。東西に長い沼は明るく、水の色が美しいので「明美沼」と呼ぶことにする。沼の北側の畔を通りながら沼を観察すると、所々で水の色が変化して違うように見える。沼の西端まで行くと水量のある川が流入している。地形図に載っていない川は南方向に蛇行して苔むした石の間を流れている。石の苔の状態から長年この川が流れていることが分かる。この沼は雪解け時期の期間限定の幻の沼ではなく、1 年中、水を湛えた沼のようだ。この付近に不思議な川がある。川は山側の上流か

ココゴミ群落の平地の先に沼がある

エメラルド色の沼

地図にない川が流入する
明るく美しい沼

苔むした石の間を流れる川が沼に入っている

ら海側の下流に向かって流れるのが常識だが、その不思議な川は海側から山側に向かって流れている。不思議な川も地形図には載っていないので、明美沼に流入する川と繋がっているのではないか。いつか沼から川を遡って調べてみたいと思いながら帰途についた。（2007年6月10日　訪ねる）

Route

今回はチャラッセナイ林道車止め～チャラッセナイ湖～734m峰～オペケプ沼～展望沼～エゾマツ沼を経由して6時間かかったが、最初からこの沼だけを目指すなら2時間ほどで来ることができるだろう。

この周辺には地形図に凹地のマークが何ヵ所か記入されているので、凹地に雪解け水が溜まって沼となっている可能性は高い。雪解け時期だけの幻の沼を、沼として数えるのは無理があるが、意外と1年中水を湛えた新発見の沼もあるかもしれない。

東端から見た沼

遠音別湖

Onnebetsuko

54

遠音別岳の頂上から北西2.2kmの標高620mにある湖。遠音別岳周辺は全国に5ヵ所しかない「原生自然環境保全地域」に指定されている。山麓には遠音別岳北西斜面の巨大崩壊によってできた大小の湖沼が点在し、鳥や動物の憩いの場になっている。

山体の巨大崩壊によって運ばれた岩塊や岩屑が体積してできた小丘群の凹地に、湧き出た泉や雪解け水が溜まって湖沼ができたようだ。遠音別湖はその中で一番大きく、湖に流入する川はないが、北側からは細い流れが出ている。融雪期や大雨の時は溢れた水が沢に流れ出ているのだろう。

湖の東側にはエゾマツ林があり、根は一つで途中から幹が2本になっている太いエゾマツがある。北側は背の高いハイマツが密生し、歩くのも困難である。この日の湖は風もなく穏やかで、対岸では水鳥が水面を羽ばたき、水しぶきがキラキラと光って

風もなく穏やかな湖

陽光きらめく湖

鳥や動物が憩う 原生自然の湖

遠音別岳の北西尾根から
見る遠音別湖

湖から遠音別岳を望む

美しい。湖畔の湿地にはクマが水芭蕉の根を掘り返した跡があり、たくさんの足跡が残っていた。

湖から遠音別岳のガレた北斜面を登ると4時間ほどで頂上に立つことができるが、日帰りは無理なので湖で1泊したほうが良いだろう。

(2006年9月23日と2008年6月1日と2度訪ねる)

Route

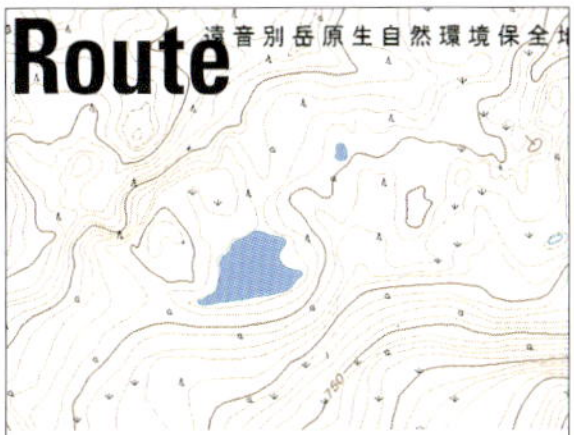

斜里町の観光名所「オシンコシンの滝」がある川沿いのチャラッセナイ林道には数台の車が止められる場所があるので、そこに駐車して出発する。
林道をチャラッセナイ川を見ながら30分ほど歩き、林道から離れて沢沿いを進む。三段のナメ滝を越えると沢形が消えるので、目指す遠音別湖にコンパスを定めてほぼ真っ直ぐに進む。樹林の薮を行くと伏流水が湧き出る泉があるので水を汲む。地図に載っていない小さな池や、ふかふかの苔に覆われた緑の巨岩帯を通り、小丘の斜面を上り下りする。狭い沢の中に水の流れがあり、しばらく進むと突然前が開け遠音別湖に着いた。迷わなければ3時間ほどで湖に行くことができるが経験者向き。

ポンオンネトー

Pononnetoh

55

風も無く穏やかな沼

遠音別岳の
全景が見える小さな沼

木に登って沼を発見
背景の山は 734m 峰

遠音別岳から北西2.3kmの標高640mにある沼。遠音別岳が見える小さな沼という意味で「ポンオンネトー」と呼ぶことにした。先に遠音別湖に行ってから沼を目指すことにした。

遠音別湖から320mしか離れていないので、沼にコンパスを定めて出発する。エゾマツの林を登り、薮の中を進む。時間的に沼の近くまで来たのではと思っても、なかなか沼には着かない。もっと先に進んでみたが、沼を通り過ぎたのではという思いが強く、少し角度を調整して戻ってみる。しかし、沼には着かない。

一度、遠音別湖に戻ることにする。遠音別湖から再度コンパスを定めて沼を目指す。最初のルートよりも少し左寄りに進む。そろそろ沼が近いのではと思い、ダケカンバの木に登ってみる。沼が見えた！　沼は10m先にあった。最初に目指した時は沼の右側を通り過ぎ、Uターンして今度は沼の左側を通り過ぎてしまったようだ。沼が10m先にあっても分からない訳で、GPSを持たない沼探しの困難さを実感する。沼は意外に開けていて、思いがけず遠音別岳の全景が見えた。

（2008年6月1日　訪ねる）

Route

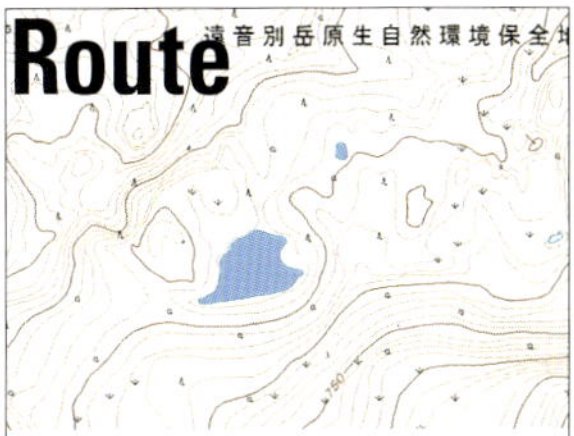

まず遠音別湖まで行き、湖からポンオンネトーを目指した。
斜里町の名所「オシンコシンの滝」のチャラッセナイ川に沿う林道を走る。林道途中の車止めに駐車して出発する。
林道を30分ほど歩き、細い川から沢に入る。三段の滝を左に見ながら薮の中を進む。やがて沢形は不明瞭になるので、遠音別湖にコンパスを定めて進む。林の中に湧き水があるので水を汲み、小山を上り下りし、緑の苔に覆われた「緑の巨岩帯」を通り、小さな沢に入ると遠音別湖に着く。
湖からポンオンネトーにコンパスを定めて樹林の中を320mほど進むと沼に着く。遠音別湖までは3時間、湖から沼までは1時間。

ラサウヌプリ周辺の沼

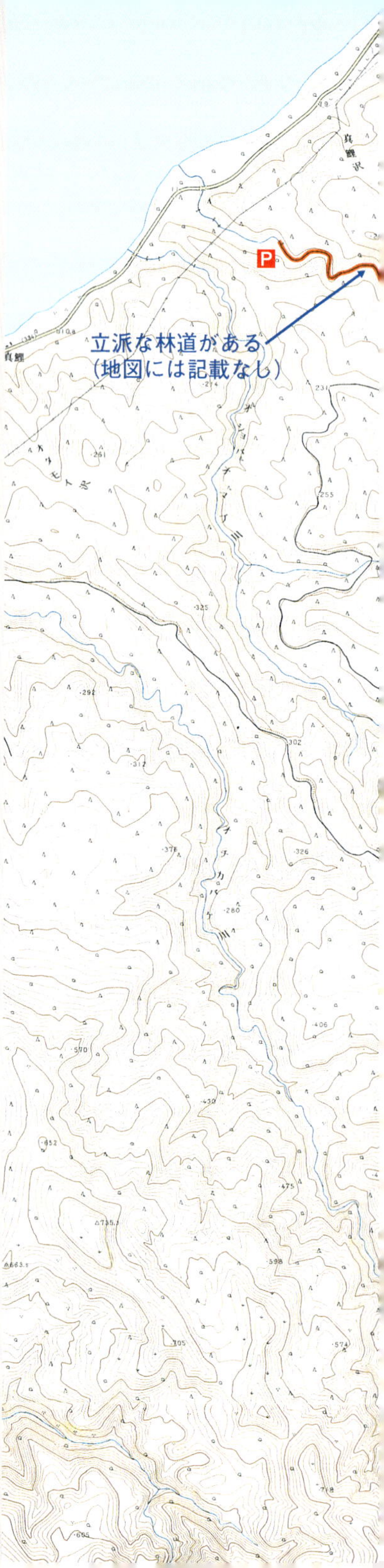

N
0 500 1000m
1回目ルート
2回目ルート
金山川
オンネベツ川
斜里町
三角点「中遠音別」
56牙の沼
ラサウの牙
三本槍
57ラサウ沼
58メノコ沼
大滝沢
ラサウヌプリ
羅臼町

牙の沼

Kibanonuma

56

落ち葉が浮かぶ沼

牙の下にある
小さな松島が浮かぶ沼

尾根の上から見るラサウの牙

牙の沼

Kibanonuma

56

金山川の黒豹の函

沼の中には松島がある

斜里町真鯉を流れる金山川とオンネベツ川との間の標高560mにある沼。「ラサウの牙」と呼ばれる標高840m岩峰のすぐ下にある沼なので「牙の沼」と名付けた。

沼を目指した日は、ちょうど紅葉が美しい時期で、紅や黄に染まる景色を楽しみながら金山川を遡行する。標高220m二股から左股を登って行くと、沢の中に丸い5mほどの大岩がたくさん並んでいる所がある。その岩と岩の間を進んで行くのは面白い。標高630mの尾根に上がると、眼前にラサウの牙の岩峰が屹立しているのが見える。積雪期に岩峰に登る人はいるが、無雪期に岩峰を見るのは稀なのではないかと思う。

尾根から沼に下りると雨が降ってきた。東西に細長い沼の周囲は黄葉が雨に濡れて鮮やかだ。沼の水面の半分はヒルムシロ科の水草に覆われていて、水草の緑の葉の上に落ちた黄葉が重なりとても綺麗だ。沼の中には小さな松島があり、岩の上には背の高いエゾマツと背の低いハイマツが生えている。沼とラサウの牙を一緒にカメラで写そうと思っていたが、それは叶わなかった。

（2008年10月12日　訪ねる）

Route

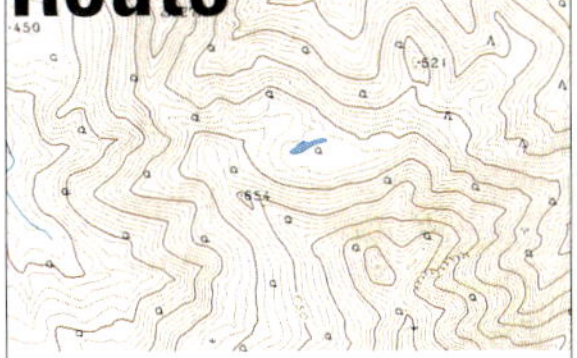

金山川の最終ダムまで林道を車で走ると広場があるので駐車する。川の右岸の大きなガレ記号の崖は人為的なものではなく、自然にこうなったと思われる。入渓してじきに「黒豹の函」と我々が呼ぶ両岸が狭まった函が現れる。緊張したへつりが続くが函を抜けると沢が開ける。
しばらく進むと標高220m二股となり、小滝が落ちる左股に入る。標高360m二股から左股に入るとやがて水が涸れる。急傾斜の沢を登りラサウの牙から派生する尾根に上がる。標高630mの尾根から沼にコンパスを定めて斜面を下ると沼に着く。登り4時間20分。

ラサウ沼

Rasaunuma

57

沼から近くに「三本槍」が見える

ラサウの牙と三本槍の岩峰が見える沼

沼から遠くに「ラサウの牙」が見える

標高 400m の滝

斜里町真鯉を流れる金山川上流の標高 510m にある沼で、沼の 1.5km 東にラサウヌプリ（1019.6m）がある。金山川で特筆する事は「黒豹の函」と我々が呼ぶ狭い函が連続している。函の中は流れが急で、緊張するへつりがしばらく続く。それと、標高 250m 辺りの右岸の崖に、恐竜の卵のような石がたくさん埋まっている所がある。ノジュールといわれる物らしく、直径 50 ～ 100cm の卵形で、ほとんどが地層から露出しているが、今にも崖から落ちそうな物もあり、河原にも落ちた卵状の石が転がっている。不思議な光景である。

最初に沼を訪ねた時は地形図の面積よりも小さな沼で、岸に草原があった。二度目の今日は水を満々と湛え、前に訪ねた時の 2 倍ほどの面積になっていて、岸の草原も水の中だった。沼の北側からは遠くに「ラサウの牙」の岩峰が見える。西側からは近くに「三本槍」と名付けた岩峰が見える。残念ながら小雨の中で撮る岩峰の写真は霞んでいて、晴れた日にまた訪ねてみたいと思うが、三度目の機会は無いのかもしれない。

（2004 年 9 月 26 日、2009 年 9 月 6 日と二度訪ねる）

Route

最初この沼に行く時は金山川の下流にある最終ダムからスタートしたので登り 6 時間、往復に 12 時間かかった。
二度目の今日は、ラサウ沼とその先にあるメノコ沼も目指すので、時間を短縮するためにオチカバケの林道から山越えをして、金山川中流の標高 230m に入渓した。そこから川を約 1km 遡行すると標高 280m 二股があり、右股は大滝沢となっているが左股を進む。
じきに標高 325m 二股があり右股に入る。標高 400m に直登できない滝があるので高巻きをして滝の上に出る。標高 490m 三股から細い右股を進むと沼に着く。登り 4 時間半。

メノコ沼

Menokonuma

58

ラサウ沼から南西750mの標高560mにある沼で、羅臼町と斜里町の国境稜線がすぐ近くに迫っている。ラサウ沼から沢形を進むと細い流れはやがて消える。沢形は不明瞭になり左の山際に沿って進みながら広い樹林帯に上がる。クマが出てきそうな雰囲気の林の中をコンパスを頼りに進む。ラサウ沼からちょうど1時間でメノコ沼に着いた。

小雨の降る沼は全体に暗く、晴れた日なら空の青さを水に映して明るく綺麗に見えるだろうと思うと天気が恨めしい。沼の周囲に林立する背の高いエゾマツが水面に黒く映り、暗い色と相まって秘境の幽玄な雰囲気を醸し出している。

アイヌの人達はここに来ただろうか。この沼と人が対面するのは我々が最初なのかもしれないと勝手に思いながら沼を眺めるのも乙なものだ。沼に入る川は無く、沼の積雪と国境稜線からの雪解け水や雨水が溜まるのだろう。メノコ沼の滞在は

エゾマツが水面に黒く映る

秘境の沼らしい雰囲気が漂う

幽玄な雰囲気を醸す 奥深い沼

クマの出そうな林の中を行く

10分間だけで、もう2度と来ることはないだろうと名残惜しい思いで沼を後にした。

（2009年9月6日　訪ねる）

Route

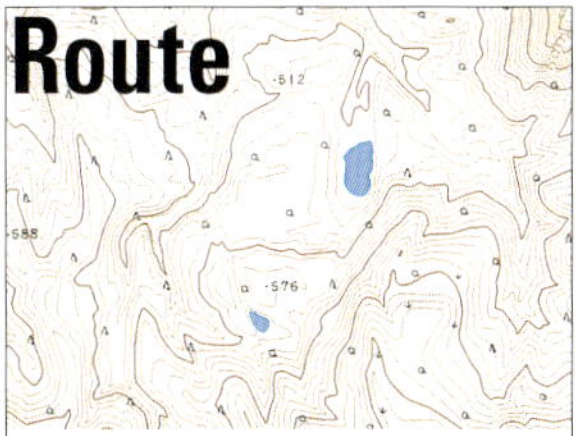

斜里町日の出大橋の先を流れるオチカバケ川に沿って通じている林道から入ることを考えた。林道の標高290mからオショバオマナイ川の源頭に通じる沢に入渓する。
小さな川を進むとすぐに二股になり左股を進む。やがて源頭になり水が涸れて笹斜面を登る。538Pの左側をトラバースして背丈を越す密生した笹薮の東尾根を下る。途中から歩きやすい樹林になり金山川に入渓する。入渓してからはラサウ沼に行くのと同じルートなので、そちらを参照のこと。林道からメノコ沼まで5時間半。

沼底には水草が生えている

ヌカマップ沼

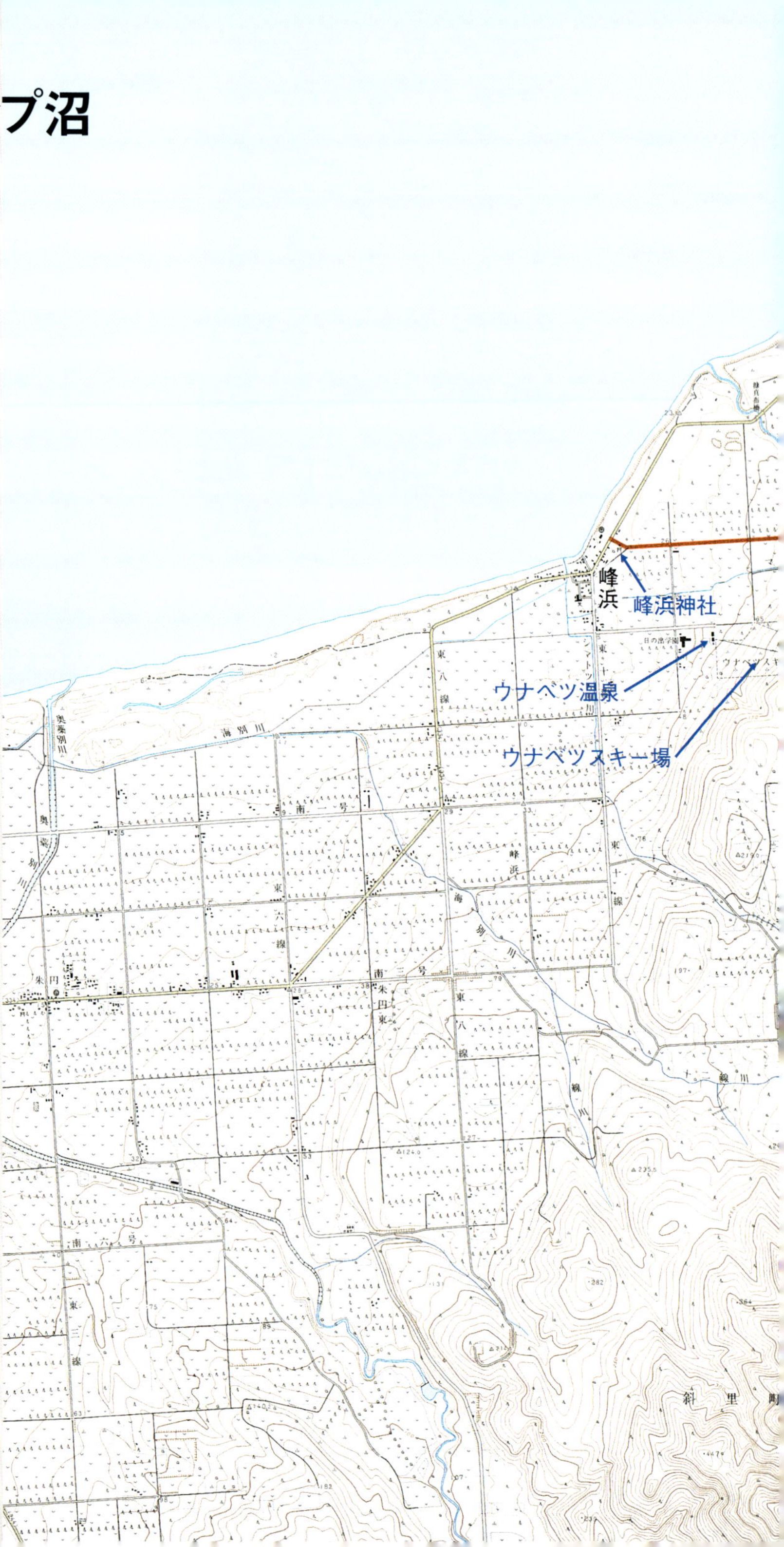

N
0 500 1000m
知布泊
日の出
斜里町
橋
車の走行路
糠真布川
橋
(59)ヌカマップ沼
P
旧採石場
旧鉱山道路
斜里町
海別岳
小海別岳

ヌカマップ沼

Nukamappunuma

59

海別岳の頂上付近から流下する糠真布川《ぬかまっぷがわ》の傍の標高260mにある沼。昔から夏の海別岳に登るには旧鉱山道路を歩き、糠真布川五の沢を遡行するのがポピュラーで、現在もこのルートは使われている。

車を止める旧採石場跡まで林道が通じていて、林道を走る車からも沼は見えるのだが、海別岳に登るのが目標なのでわざわざ沼に行く人はいない。沼には林道から薮を漕いで5分で着くことができ、知床半島の沼の中では最も容易に行ける沼であるが、ほとんど知られていない。

広葉樹の森で囲まれた沼は初夏の日差しを浴び、静かな水面に木々の緑と青空を映している。沼にはセミの鳴き声が響き、水中にはゲンゴロウや無数のオタマジャクシが泳いでいる。沼の水面はネムロコウホネの水草で覆われている。

かつて、この沼から15kmほど離れたオペケプ

水面を飾るネムロコウホネの花

8月にはネムロコウホネの花が水面を彩る

水中には無数のオアタマジャクシが

川の林道脇にもこのような沼があったが、工事のために沼は埋め立てられてしまった。その沼にも多くの生物が棲息していただろうと思うと残念でならない。ヌカマップ沼は永遠に水を湛えて存在して欲しいと思う。（2009年7月5日　訪ねる）

Route

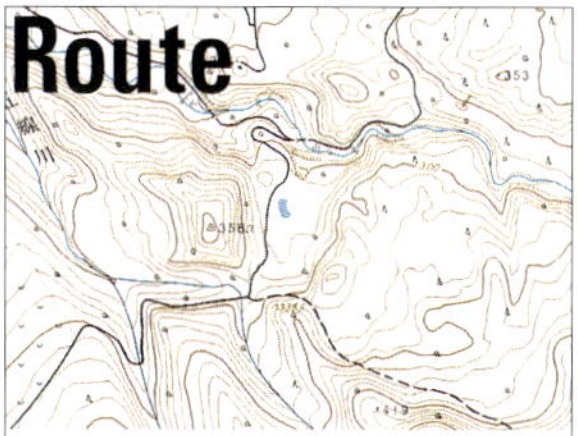

斜里町からウトロに向かう国道から斜里町峰浜の神社を右折する。舗装された道は畑の中を通り、糠真布川に架かる橋を渡る。渡ってすぐに右折して林道に入る。糠真布川を右側に見ながら走ると、鹿よけゲートがあるのでゲートを開けて中に入る。
やがて、橋を渡ると林道の二股があるので右折する。登りの急カーブを曲がると沼は近いので、林道をゆっくり走り林の中にある沼を見落とさないように注意がいる。林道脇に車を止め、笹薮を掻き分けて行くと沼に着く。

思ったより大きな沼

梅峰沼（大沼・小沼）

沼はここにあった
60梅峰小沼
61梅峰大沼
沼はない
2回目ルート
1回目ルート
三角点
「崎無異岳」
887
標津町
梅峰川
沼山川
P

羅臼町
植別川
車の走行路
植別橋
崎無異
峯浜町
標津町
丸山
元崎無異川
さけ・ますふ化場
N
0
500
1000m

梅峰小沼

Umeminekonuma

60

標津町にある沼で、海別岳の東6.7km、標津町崎無異からは西11.2km地点に位置している。2つ並んで沼があり、区別するため東側の沼を梅峰大沼とし、西側のこの沼を梅峰小沼と呼ぶことにした。

アイヌ語に詳しいメンバーの故菅原真一さんの仮説によると、梅峰川の「梅峰」とはアイヌ語の「ウ・メム・ネ」で「二つの・泉沼・がある」の意味ではないかという。国土地理院の地形図では、梅峰大沼から西に250mの位置にもう1つ同じくらいの面積の沼があるように記載されているが、実際にはそこに沼は存在しなかった。

1回目に来た時はあまり時間がなかったので探すことができなくて帰路についた。2回目の今回も地形図の場所に行ってみたが、やはり存在せず、苦労しながら探してやっと沼を見つけることができた。地形図上の沼の位置から北に300mほど

近くの湿地にあるミツガシワ

地形図の位置とは違う場所にあった沼

緑の苔の中にナメ床の流れが綺麗だ

行った所の標高670m辺りに沼はあった。大沼からは北西に500mほど離れている。面積は大沼の半分ほどの大きさで、沼はヒルムシロ科の水草で覆われている。国土地理院の地形図に小沼の正しい位置を記載するようにお願いしたい。

（2010年8月29日　訪ねる）

Route

標津町崎無異の植別橋を渡るとすぐに左折して農道に入る。林道と梅峰川の出合いに駐車して出発する。
本流に滝は無いが函の通過は少し緊張する。岩盤の多い川で、緑の苔の中を流れるナメを遡行するのは飽きることなく楽しめる。標高330m二股を過ぎ、標高390mから左岸の沢に入る。水流の細い沢を登ると、やがて馬蹄形の崖に突き当たり、左岸の尾根に上がって懸命に笹を漕ぐ。台地に上がってから先に大沼に行き、休憩してから小沼を探し当てるのに苦労した。登り5時間。

水草で覆われた小沼

梅峰大沼

Umemineohnuma

61

滝が連続する

数々の滝を乗り越えて出会う青く輝く秘沼

辛い思いをして辿り着いた沼

西側から見る沼の全景

梅峰大沼

Umemineohnuma

61

梅峰川を
腰まで浸かって遡行する

2回目に訪ねた時の沼

標高 340m にある
7m の小滝

標津町と羅臼町の境界を流れる植別川の支流に梅峰川があり、左岸の台地上に二つ並んだ沼がある。東側の標高 695m に位置するのが梅峰大沼である。大沼といってもそんなに大きな沼ではなく、地形図に載っている西側の沼と区別するため大沼とした。

この沼に入る川も出る川も無いが、泉が湧いているようにも見えなかった。沼の周囲は外輪のような低い丘に囲まれた地形をしているので、旧火口に水が溜まったのかもしれない。この沼は秘沼中の秘沼で、梅峰川を沢登りして、川から標高差 350m の急斜面を登るのが大変である。急斜面を滝が何段も連なって流下し、上段の滝は崖の陰に隠れて全貌を見ることができなかったが、その落差の合計は 100m 以上あるように見える。これだけの滝が地形図に記載されていない。

台地に上がるまで背を越す密生した笹を掴んで体を引き上げる作業は体力を消耗するが、困難を乗り越えてひっそりと青く輝く秘沼に到達する喜びと感動は大きい。

（2006 年 10 月 1 日、2010 年 8 月 29 日　訪ねる）

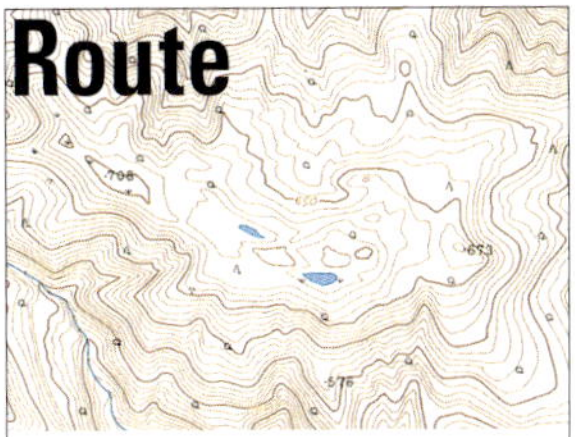

標高 330m 二股までは「梅峰小沼」と同じ。標高 330m 二股を過ぎると左岸に 7m の小滝があり、1 回目に来た時はここから登ってみた。急斜面には何段もの滝が連なり 100m ほどの落差になっている。笹の藪漕ぎが延々と続き、かなり消耗した。
2 回目は小沼を探すのが目的だったので、7m の滝を登らずに本流を進み、標高 390m から沢を登った。沢は馬蹄形の崖に突き当たるので、左岸の尾根に上がって笹を漕ぐ。こっちの笹漕ぎも辛いが、1 回目よりも時間は短縮できた。登りは 4 時間から 5 時間かかる。

チームしこたんメンバー

樋口秀昭（ひぐちひであき）

美幌町　1948年生まれ　常に先頭を歩いてくれる頼りがいのある突撃隊長のような存在。

栗城幸二（くりきこうじ）

北見市　1950年生まれ　沢登りの好きなベテランで、沢以上にビールも大好き。

樋口明美（ひぐちあけみ）

美幌町　1953年生まれ　秀昭さんと夫婦二人三脚、藪漕ぎを厭わず、山行中いつも果物や手作りのおかずをふるまってくれる。

清水義浩（しみずよしひろ）

高松市　1964年生まれ　メンバーになった時は北見市在住だったが、転勤で四国へ。登山と三角点探索の愛好家。

水野明子（みずのあきこ）

網走市　1949年生まれ　小柄でスリムな体型だが、パワフルでタフネスな行動には目を見張るものがある。

菅原真一（すがわらしんいち）

中標津町　1952年生まれ・2009年6月死去　小柄な体型を生かして走るように登っていたが、計画半ばで病に倒れ永眠する。

伊藤正博（いとうまさひろ）

網走市　1949年生まれ　体重をあと3kg減らせば楽に登れると思いながら、好きな酒と麺類の誘惑に負けて4年経っても体重が減らない。

知床半島の湖沼　さくいん

あとがき

2007年6月からチームしこたんがスタートし、65の湖沼を探検して終了した。スタートする前は、はたして長い間山を登ってきた山屋が、山頂を目指すのではなく水平移動のような湖沼を目指すのはつまらないのではないかと思ったりもした。山の頂を目指すのは極端に言うと高い方へと登れば頂上に着くものだ。

しかし、GPSを持たない沼探しの場合は、沼の10m横を通り過ぎても分からないという難しさがある。それだけに沼に辿り着いた時の嬉しさは山の頂上に着いたような感動と充実感がある。沢遡行を楽しみながら原始の森の中で宝物を探し当てたような喜びがある。しかも、知床半島の沼は道など無い人跡未踏の沼がほとんどで、山で言えば初登であり、それだけに達成感や満足感も大きい。

この4年間で私はすっかり沼の魅力に引き込まれてしまった。沼を見ながら「地球以外の宇宙の星にこのような美しい沼があるのだろうか。ひょっとして沼があるのは地球だけなのではないか」と思う時がある。そう思うと余計に沼が恋しく愛おしい。

私は宇宙に興味がある。今から137億年前に宇宙は誕生したという。物質も空間も存在しない「無」から1mmの1000万分の1以下のミクロ宇宙が誕生し、瞬時にインフレーションを起こし、その後にビッグバンが起きた。その後、様々な現象が起こり、地球や月、火星、水星、金星などの岩石惑星ができたのは46億年前だという。その中でも地球は海が地表の70%を占め、水の惑星と言われるほど海、湖、沼、湿地、川が存在する。

今、人類は他の惑星に「水や生命」を探し求めて探査機を打ち上げている。土星を周回する探査機カッシーニから送られてきた画像を解析した結果、土星の衛星タイタンには液体エタンの湖があるといわれている。また、2010年10月にテレビで、太陽系の外にグリーゼ581Gという水の液体の海で覆われた惑星が見つかったとニュースが流れた。理論上ではこの惑星には生命がいる可能性もあるという。しかし、あくまで理論上の話で実際にはまだ「水」の存在は確認されていない。

今でも宇宙はものすごいスピードで膨張しているという。科学者は将来地球はどうなるのかというシミュレーションを描いている。今から50億年後に太陽が巨大化し、地球の温度が上がり海や湖沼は干上がってしまう。やがて、太陽に近い地球は巨大化した太陽に飲み込まれていく。地球は徐々に太陽の中心に落下し、いずれは蒸発してしまうという。

猿からヒトが分かれたのは今から500～600万年前であり、50億年後という途方もない年月を人類は生き残っていけるかどうかは誰にも分からない。過去に恐竜が絶滅したような大きな隕石が地球に衝突したり、地球が太陽に飲み込まれる前に、人類は太陽の影響を受けない星に移住しなければならない。そのためにも現在、水を求めて探査機が宇宙を飛行しているとも言える。いつか探査機から「他の惑星にも水の湖があった」と画像を送信してくるのではないか。人に笑われるような夢物語であるが私はそれを期待している。

最後になりますが、4年間一緒に湖沼探検をしてくれたチームしこたんのメンバーに感謝致します。秘境の湖沼探検は厳しく辛い事も多かったけど、胸をわくわくさせながら未知の世界を歩いたのは楽しかったです。特に樋口秀昭さんには常に先頭を歩いていただき、多くの写真を提供していただきました。ありがとうございました。この本を作成するにあたり、共同文化社の編集部の皆さん、担当の長江ひろみさんには色々とお骨折りいただき、大変お世話になりました。おかげ様で宇宙のように「無」から一冊の本が誕生しました。この本にはとても満足しています。ありがとうございました。

そして、計画半ばで宇宙に旅立った菅原真一さんにこの本を捧げます。何十年か後には宇宙のどこかの星で、皆で美しい湖沼を歩きましょう。

2011年10月　夜空の星を見上げながら　伊藤正博

著者略歴

伊藤　正博（いとう・まさひろ）

1949（昭和24）年12月9日　北海道鹿部町生まれ。

幼い頃、家の近くの池で遊んだり、両親と一緒に大沼国定公園でボートに乗ったりしたのが沼との出会い。中学2年から網走市に住み、網走南ケ丘高校を卒業。1990年に網走山岳会に入会し、大雪山、日高山脈、標津山地、知床半島の山を登る。長年かけて海別岳から知床岬まで知床半島を縦走し、さらに海別岳から根北峠まで縦走を延ばす。知床半島の秘境に魅了され、クマにおびえながら道の無い山や沢や沼を歩いている。家庭では水石を愛で、シャリースの歌声に聴き惚れ、ラーメン、ビール、刺身が大好きな毎日を過ごす。2005年に共同文化社より著書「知床半島の山と沢」を出版。網走山岳会会員、日本山岳会会員、日本水石協会会員。

住所：〒093-0042　網走市潮見2丁目4-9

電話＆FAX：0152-44-6626　メールアドレス：6585c4@bma.biglobe.ne.jp

知床半島の湖沼
――チームしこたんが探検した秘境の世界

2011年10月17日　初版発行

著　者　伊藤　正博
装　丁　須田　照生
発行所　株式会社 共同文化社
〒060-0033
札幌市中央区北3条東5丁目
TEL 011-251-8078
http://kyodo-bunkasha.net/

印　刷　株式会社 アイワード

ISBN 978-4-87739-206-2 C0075

この地図の作成にあたっては、国土地理院長の承認を得て、同院発行の2万5千分の1地形図、5万分の1地形図を使用した。
（承認番号）平23道使第3号

原生の自然が息づく知床は、
神秘のベールに包まれている——

知床半島の山と沢

伊藤　正博　著

A5 判　224 頁（カラーグラビア 8 頁）
定価 1,890 円

知床半島全山と沢の登攀記録集

秘境知床は上級者向けで
登山家の憧れの山である。
その知床半島にある全 20 山、
70 余のルートを地図入りで紹介。
市販の地図には載っていない滝や、
地図上ではわからない現地からの景色、
天候の変化など、
実際に体験しなければわからない
貴重な情報が満載。

知床岳にも近年ガイド付きのツアー登山が多くなり、
経験者なら迷わずに行ける程に道ができつつある。
それでも登山者と会うことは希で、
むしろクマに会う確率の方が大きい。
本著が知床の山行を計画する方に
少しでも参考になれば幸いである。
そして、知床の原生の自然が永遠に残ることを願うものである

——はじめにより